AF247810

EXERCICES

SUR

L'ASTRONOMIE, LA COSMOGRAPHIE

ET

LA GÉOGRAPHIE PHYSIQUE

PAR Ant. BARTRO

MONTPELLIER

IMPRIMERIE DE JEAN MARTEL AÎNÉ, RUE BLANQUERIE, 3,

PRÈS LA PRÉFECTURE.

1868

AVANT-PROPOS.

Nos Exercices manquent de méthode, nous
le savons. Nous n'avons pas voulu les soumettre
au joug de la règle, afin de conserver capri-
cieusement nos allures vagabondes. Sans doute,
la nature travaillée a ses beautés ; mais la nature
agreste, avec ses montagnes abruptes et ses
forêts profondes, ses cascades grandioses et sa
flore sauvage, a bien son mérite aussi ; nous
avons voulu l'imiter sous ce dernier aspect.
Certes, nous pouvions coordonner nos idées,
classer nos sujets sans entasser pêle-mêle des
matières étrangères entre elles formant un com-
posé hétérogène. Mais est-ce que Dieu a placé
tous les végétaux ensemble, tous les minéraux

sur un même point? A-t-il réuni sur un lieu commun tous les volcans? dans la même zône toutes les eaux? dans la même région tous les êtres vivants? Tout sur la terre est pêle-mêle.

L'auteur des *Études de la nature* a dit : « Ce sont nos méthodes qui nous égarent. »

En effet, l'imagination se ressent toujours des entraves de la règle, à l'observation de laquelle on sacrifie trop souvent de bonnes pensées.

EXERCICES

SUR L'ASTRONOMIE, LA COSMOGRAPHIE

et

LA GÉOGRAPHIE PHYSIQUE.

Les anciens prétendaient que la terre est ronde
et plate comme un galet ; elle est sphérique. Ptolémée plaça la terre immobile au centre du monde,
et Copernic y plaça le soleil. Une autorité sacrée a
dit que la terre est sans mouvement, partageant en
cela l'opinion de Ptolémée. Galilée, enseignant le
système de Copernic, de Pythagore et de Philolaüs,
prouvait que la terre tourne ; pour ce fait il fut
accusé d'hérésie et condamné par l'Inquisition à
deux ans de prison, et cependant la terre tourne !
Newton a cru au vide dans l'espace ; sir Phillippe
n'y crut point, de plus, il attaqua l'idée de l'attraction des corps. On a dit que le soleil est fixe, et
cependant il tourne sur lui-même. On a prétendu
que les marées proviennent de la *pression* de la

une, et, des contradicteurs disent qu'elles sont le résultat de *l'attraction* de cet astre. Enfin des savants illustres ont avancé que la terre est un peu allongée sur les pôles ; d'autres savants non moins illustres soutiennent quelle est aplatie. Prenez, dit un démonstrateur, une boule à l'état de pâte ; passez par son travers un fer figurant l'axe ; tracez sur cette boule l'équateur et les cercles polaires ; faites tourner rapidement cette sphère, vous verrez bientôt les pôles se rapprocher l'un de l'autre, et le cercle représentant l'équateur s'élargir par augmentation de matière sur ce point. C'est simple : les cercles polaires feront, par exemple, 30 centimètres de tour, quand, dans le même temps, l'équateur en fera 300 ; or, la projection du mouvement étant ici dix fois plus rapide, la pâte ramenée par la force de rotation se ramassera d'autant plus à l'équateur qu'elle s'aplatira aux pôles. Un contradicteur lui répond : L'axe est une ligne fictive et vous la faites réelle, comme si réellement la terre, dans son état primitif, c'est-à-dire pâteux, tournait autour d'une barre de fer de dimension relative. Mais faites rouler la boule sur un plan, de manière à ce que tout son poids porte sur le plan, cette boule s'allongera d'autant plus sur ses pôles qu'elle diminuera d'ampleur à l'équateur, de telle sorte que le corps sphérique deviendra oblong. Ainsi a dû faire la terre alors qu'elle a été lancée dans l'espace roulant sur son centre pressée par les gaz. Ainsi le premier voit, au cas particulier, les pôles aplatis, et le second les voit allongés.

Cassini, non moins célèbre que ses confrères,

reconnaît à la terre cinquante lieues de plus de
pôle à pôle, que le globe en comporte à son diamètre à l'équateur. En effet, dit-on, « l'ombre de
» la terre paraît ovale sur ces pôles dans les éclip-
» ses centrales de la lune, comme l'ont observé
» Tycho-Bra-hé et Kepler. Ces noms-là en valent
» bien d'autres. »

On assure que la lune a la forme d'un œuf, nous
présentant constamment son gros bout. La terre,
dont la nature doit être identique à celle de la lune,
ne pourrait-elle pas avoir la même forme? Nous
admettons que la terre est ronde; mais notre ombre
dans les éclipses centrales de lune pourrait bien
être faussée par dégradation de cette ombre présentant un corps oblong sur une figure oblongue,
sans inférer de ce fait que notre globe est réellement ovale. Si la lune nous présente *constamment*
son gros bout, comment a-t-on pu la voir de flanc
pour nous dire que ce corps a la forme d'un œuf?
La divergence d'opinions sur toutes ces matières
laisse encore l'esprit humain dans l'incertitude.

Les astronomes nous disent encore que les étoiles
sont des soleils; que notre soleil est un noyau *solide*
et obscur, environné de nuages lumineux d'où
nous viennent la chaleur et la lumière; que les
planètes et leurs satellites sont des corps opaques
soumis par la nature à des mouvements harmoni-
ques; et ils déterminent ces mouvements.

Mais de quoi se compose le noyau du soleil?
Buffon a dit que « la matière extérieure du soleil
est en état de liquéfaction. » Cependant les obser-
vateurs modernes ne confirment pas cette idée.

Comment s'est formé cet astre? Quelle est la nature de son feu?

Quelle est l'origine et quelle sera la fin des planètes? Qu'est-ce qu'une comète? Pourquoi ces corps diffèrent-ils des planètes? Une brume lumineuse les entoure, une aigrette éclatante les surmonte, une marche vagabonde les dérobe souvent au télescope. Ces corps qui viennent nous visiter de temps en temps appartiennent-ils à un autre système solaire?

Tout est encore conjecture sur ces questions. Le télescope a beau nous rapprocher des astres, nous sommes encore bien loin d'eux pour voir ce qu'ils sont, ce qu'ils contiennent. On peut croire les planètes semblables en toutes choses à la terre, ayant des mers, des continents et des animaux de toutes sortes. On voit, dit-on, des montagnes dans la lune; le mont Leibnitz aurait 12 kilomètres de hauteur. Nous doutons que l'on puisse distinguer cette montagne et la mesurer à 382,184 kilomètres de la terre, car l'espace énorme qui nous sépare de la lune peut avoir ses troubles encore inconnus, et les découpures que l'on remarque sur les bords de l'astre pourraient être des effets permanents d'une réfraction quelconque.

La lune doit être un petit monde semblable au nôtre. C'est l'opinion générale, mais connait-on la matière des taches que nous y voyons? Ce sont les ombres des montagnes, dit-on. Quoi! voir et les montagnes et leurs ombres à 382,184 kilomètres! Nous pensons, nous, que les taches noires que nous montre le satellite sont des continents absorbant les rayons solaires au lieu de les renvoyer, et que la partie éclairée est une mer miroitant la lumière du soleil, dont l'éclat nous est reflété. Si la lune a une mer, dit-on, elle doit avoir une atmosphère et par conséquent des nuages, et elle n'a rien de cela. Cette affirmation est par trop hasardée. Buffon a dit : « Ne » peut-on pas dire : Comme les montagnes qui sont à » la surface de la terre ont été formées par l'action » des flux et des reflux, les montagnes à la surface » de la lune ont été produites par des flux et des » reflux semblables ? » Si donc les montagnes de la lune ont été produites par des flux et des reflux, c'est que ce satellite a dû avoir une mer. Son atmosphère doit y être à l'état de fluide diaphane, et les nuages doivent y être à notre point de vue invisibles, comme le seraient des bouffées de tabac sur une montagne vue de loin. Qu'est-ce par rapport à notre globe qu'un nuage grand comme dix départements, sinon très-peu de chose disparaissant dans des proportions réduites ? Quoi ! nous voyons très-distinctement les astres au travers de notre atmosphère, et nous ne verrions pas au travers de celle de la lune ! Et par ce que nous y voyons, nous concluons qu'elle n'existe pas !

Du haut d'une colline, nos regards plongeaient sur un bassin rond plein d'eau, au centre duquel on avait simulé un rocher. A une certaine heure, les rayons solaires vinrent frapper le liquide du rond point, qui nous parut alors comme un vaste et brillant miroir. Toutefois, la masse rocheuse resta sombre au milieu des flots de lumière.

Nous nous dîmes : Voilà l'image de la lune. Quelle

influence peut exercer cet astre sur la terre? On lui attribue en grande partie les marées, soit. Mais cette influence lui est-elle propre, lui est-elle transmise par quelque puissance occulte? Qu'importe : le fait lui est connu. Mais il paraît que ce fait n'est exercé que sur la ligne que parcourt le satellite, c'est-à-dire sous la zone torride. C'est là son centre d'action, dont les effets ne s'étendent que par communication jusqu'à une certaine distance ; car plus on s'éloigne de l'équateur, moins les marées se font sentir. La lune n'a donc ailleurs aucune influence marquée.

En effet, elle est incapable de provoquer un mouvement visible sur les mers intérieures, sur les lacs et les étangs de notre zone, quoique la médiocre étendue de ces bassins soit plus favorable à l'action lunaire. Elle n'agit donc que là où ses rayons sont perpendiculaires. Alors, pourquoi veut-on qu'elle agisse de même hors de sa ligne de parcours?

Nous lisons dans un ouvrage sérieux ce passage : « La philosophie de nos jours refuse à la lune toute » influence sur les végétaux, sur les animaux. Il est » certain que le plus grand accroissement des plan- »tes se fait pendant la nuit, qu'il y a plusieurs » végétaux même qui ne fleurissent que pendant ce » temps-là, que des classes nombreuses d'insectes, » d'oiseaux, de quadrupèdes et de poissons règlent »leurs amours, leurs chasses et leurs voyages, sur » les différentes phases de l'astre de nuit. »

Quoi! le plus grand accroissement des plantes se fait la nuit. Ici, le superlatif est par trop absolu. On pourrait dire, par exemple, que le travail de la végétation se fait le jour comme la nuit. En effet, le calorique ayant pénétré dans le sol pendant le jour, se dégage pendant la nuit, ce qui fait suite à l'action du jour.

C'est encore l'oxygène et l'hydrogène dont la combinaison plus opportune alors forment de légères vapeurs nourrissant les plantes à la vie desquelles trois choses sont nécessaires : la chaleur, l'humidité et l'air. La chaleur est donnée par le soleil ; l'humidité, c'est la vapeur condensée, c'est la rosée, c'est la pluie ; l'air, c'est le fluide que nous respirons. La lune n'est pour rien dans tout cela : ses rayons blafards et froids n'ont jamais fait ouvrir une ombrelle, et c'est encore un préjugé de croire favorable telle phase de lune à telles plantations. Les plantations n'ont pour règle d'actualité que le retour des saisons ramenées elles-mêmes par l'influence solaire. Est-ce la lune qui fait l'été et l'hiver, qui fait fleurir et mûrir le raisin ? D'ailleurs, beaucoup d'almanachs s'abstiennent aujourd'hui d'indiquer pour règles de semailles telle phase de lune.

La marée ordinaire est de quatre mètres, on veut que la lune ait trois quarts d'influence dans cette élévation, ce qui mène à ce calcul : la profondeur connue de la mer étant de 4 kilomètres, la force attractive du satellite serait de 750 parties d'un millimètre, sur un étang de 2 mètres 60 centimètres de profondeur, même en supposant l'étang situé sous la zone torride. Cette action est là inaperçue, sinon nulle, et l'on veut qu'elle exerce une influence marquée dans les zones tempérées et glaciales ; non sur les eaux, puisque là rien ne l'indique[1], mais sur certains animaux, sur certaines plantes : on veut même qu'elle perturbe l'atmosphère dans telle ou telle région, à des jours que la science serait parvenue à connaître.

Est-ce la lune qui fait que le chat, le renard, le loup voient dans la nuit? Leur organisation particulière leur donne seule telle faculté, tel caractère. La lumière fatigue le hibou et contrarie le rossignol : celui-ci chante plus volontiers dans le silence des ténèbres, son chant ayant plus d'éclat; c'est le virtuose aérien choisissant le lieu et le moment; l'autre oiseau court ses amours et cherche sa nourriture aux heures appartenant à son espèce. Ce n'est pas la lune qui fait chanter l'un et chasser l'autre de ces animaux. Pour le hibou, c'est le besoin de nourriture : animal nocturne, il cherche les animaux nocturnes destinés à sa pâture. Pour le rossignol, c'est le printemps qui lui fait chanter ses amours.

La lune fait 27 fois par an le tour de la terre; mais cet astre ne saurait faire un printemps pendant son périgée, ni un hiver pendant son apogée.

Par une belle nuit d'été, nous étions en observation sur le mont super-Bagnères. Après le coucher du soleil, la plaine de Luchon se couvrit peu à peu d'un brouillard fort épais et bas. C'était une vapeur gazeuse qui, se dégageant du sein de la terre, se condensait dans la la fraîcheur du site entouré de

---

[1] La Méditerranée devrait présenter 1 mètre de marée dans son calme plat, et cependant elle ne bouge pas; les vents seuls lui impriment des mouvements de flux et de reflux.

hautes montagnes couronnées de neige. Cette vapeur ne pouvait s'élever à cause de la pesanteur atmosphérique. Vers minuit, la lune se leva magnifique, et nous fit voir les nuages couchés sur le sol ; mais l'astre passa, et disparut sans avoir dissipé le brouillard, ce que fit le soleil quand il parut à son tour.

Des émanations sortent de notre globe. Ces émanations de toutes sortes se transforment en gaz, en nuages, en eau, en neige, en grêle et en fluide électrique, le tout sous l'influence généralement attribuée au soleil, qui est le seul corps capable de dilater l'air ; c'est-à-dire, de l'étendre avec ses composés et d'en charger les régions éloignées, mais avec retour quand le soleil arrive dans ces régions.

De là les vents et leurs inégalités soufflant dans toutes les directions, poussant devant eux les météores aqueux et ignés, les précipitant sans mesure, sans règle, sans retour marqué, tantôt se faisant pressentir par des signes particuliers, tantôt arrivant inopinément avec leur cortége destructeur comme pour dérouter la science, qui prétend pronostiquer les grands effets météorologiques même un an d'avance. Buffon a dit que « les vents impé- » tueux agissaient par *caprice* ». Il a ajouté : « Il me » paraît donc qu'on tenterait vainement de donner » une théorie des vents. » Un autre grand savant a dit : « Le peu qu'on sait sur les causes, l'origine, la » force, les directions variables des vents, est si » vague, si conjectural, que la plupart des physiciens » maintenant, daignent à peine s'y arrêter. »

Le célèbre Meton, qui a produit son fameux *Cycle lunaire* « ou révolution de 19 années solaires au bout » desquelles les nouvelles lunes tombent au même » jour auquel elles étaient arrivées dix-neuf ans » auparavant. » Méton, disons-nous, n'a jamais attribué de pouvoir à la lune. Comment ! ceux qui ont prédit les éclipses de soleil et de lune à heure fixe, qui ont mesuré les corps célestes et les distances qui les séparent, qui ont expliqué les phases de la lune, auraient ignoré les influences de notre satellite ! Ils lui en ont reconnu une agissant sur les eaux, et ils n'auraient pas seulement soupçonné les autres ! Sans doute, la science n'a pas dit son dernier mot, et quelques détails au cas particulier ont pu échapper aux esprits éminents, alors qu'ils regardaient plus loin et plus haut. Eh bien ! soit; mais alors, que l'on précise le *lieu* et le *jour* d'orage ou de tempête, et que le fait s'accomplisse sans cela, la science tombe dans le charlatanisme, comme est tombée l'astrologie judiciaire qui n'était qu'un mensonge, qu'un moyen d'exploitation.

Qu'est-ce qu'une prédiction en ces termes : « Jan- » vier 1865. *Vers* le 7, quelques chutes d'eau sous » forme de pluie ou de neige dans une partie *de la* » *France. Vers* le 16, encore quelques chutes de » neige, principalement dans les pays de *montagnes.* » A la fin du mois, grands vents, avec pluie ou » neige, *suivant les régions*, particulièrement sur » le littoral de l'*Océan.* »

C'est là une énonciation calculée pour avoir toujours raison sur un point quelconque, quand on se sera trompé sur une infinité d'autres points. Quoi !

vers le 7, de la pluie ou de la neige dans une partie *de la France*, mais sur quelle partie? La France est si grande. *Vers* le 16, chute de neige principalement dans les *montagnes*. Mais, dans les montagnes, il ne tombe pas autre chose en hiver.

A la *fin* du mois, grands vents avec pluie ou neige, suivant *les régions;* mais lesquelles? Particulièrement sur le littoral de l'*Océan*. Mais ce littoral est si vaste! A-t-on voulu désigner Bayonne, Bordeaux, Nantes, Rouen, Dunkerque? Mais c'est là la moitié de la France. *Vers* le 7, *vers* le 16, le mot vague de *vers* le..... prend un délai de six ou huit jours. On ne peut pas trop se tromper en s'exprimant ainsi. Eh bien, l'Observatoire de Paris nous a signalé, le 7 janvier 1865, un violent coup de mistral en Provence; le 12, un grand coup de vent au Hâvre, à Boulogne et à Marseille; les 14, 15, et 16, un ouragan terrible dans la Manche et le golfe de Gascogne. Comment! On annonce de simples chutes d'eau ou de neige, toutes choses insignifiantes, et l'on garde le silence sur les vents si désastreux qui ont eu lieu dans la première quinzaine de janvier! On prédit l'inutile, et l'on se tait sur le plus important!

Chaque mois amène les variations atmosphériques qui lui sont propres. Le calendrier républicain les indique exactement. Il dit : Du 21 décembre au 20 janvier, *nivôse;* du 20 janvier au 19 février, *pluviôse;* du 19 février au 21 mars, *ventôse*. Soit neiges, pluies et vents. Est-ce clair? Le calendrier Grégorien donne à janvier le signe du *verseau* (qui verse de l'eau). La constellation *Orion* paraît alors à l'Orient, les anciens lui faisaient amener les pluies et les orages. Voilà les effets atmosphériques et invariables de ces époques. Maintenant, cela posé, nous saurons avec un peu de recherche quelles sont les régions particulièrement neigeuses, pluvieuses ou venteuses; et pour ces régions, nous pourrons prédire pour telle semaine de décembre, *des neiges dans les montagnes* (sans désigner lesquelles); de janvier, des pluies dans les plaines *suivant les régions* (expression indéfinie); et pour février, des vents *dans une partie de la France* (élasticité considérable d'énonciation). En prenant pour ces prédictions six ou huit jours de délai, *trois* prédictions de l'espèce sur *cinq*, nous donnerons toujours raison, mais sans utilité publique, les voyageurs voyageant quand même. Dans tout ceci, c'est la nature des climats locaux qu'il faut étudier à telles époques de l'année, et non les phases de la lune.

Un prétendu prophète disait à son fils écrivant sous la dictée pour la confection d'un almanach : Pour août, 1er du mois, lundi, *beau*; mardi, *vent*, mercredi, *beau*; jeudi, *forte chaleur*; vendredi et samedi, *temps couvert*; dimanche, *orage*. Le fils dit : Mais papa, nous allons dimanche à la campagne, et pour ce jour tu fais gronder le tonnerre et crever les nuages !—Eh bien ! dit le père, mets *beau temps*. Il fera beau n'importe où, et là j'aurai raison. » Ce prophète ne comptait pas avec la lune, mais bien avec le temps certain de l'époque, et surtout avec les trop crédules gens. On dit qu'un cheval est lunatique pour dire qu'il est capricieux, faisant ainsi allusion aux caprices de l'astre nocturne par rapport à ses changements de phase. Mais on dit de même d'un homme stupide qu'il est bête comme la lune. Nous reviendrons bientôt sur ce petit corps.

Passons aux comètes. D'où proviennent les vapeurs qui les entourent et ces queues qui les surmontent? La présence de ces astres dénote-t-elle des mondes qui commencent ou qui finissent? Les avis sont partagés là-dessus.

Quelque plaisir que nous ayons à suivre les maîtres de la science, il nous est agréable d'essayer quelques pensées sur la matière.

Qu'est-ce qu'une comète? Une comète telle que nous nous la représentons serait un corps dont l'un des pôles aurait éclaté par les gaz intérieurs trop fortement comprimés, ce qui aurait mis l'astre hors d'harmonie planétaire. De ce corps s'échapperait, par le vaste orifice d'explosion, l'immense panache qui le distingue; ses flancs présenteraient de grandes et nombreuses ouvertures d'où sortiraient, comme d'une multitude de grands volcans, des vapeurs dont s'envelopperait cette masse dans son mouvement de rotation.

Nous avons voulu nous expliquer les particularités que nous présente une comète. A cet effet, nous avons fait confectionner une toupie en tôle, lui donnant la dimension d'un obus. Nous y avons pratiqué çà et là plusieurs ouvertures, entre autres un grand trou sur la partie supérieure. Ainsi disposée, la toupie a été remplie de charbon ardent sur lequel nous avons répandu de l'encens; puis mis en mouvement de rotation, cet objet nous a présenté l'image d'une comète expulsant du trou supérieur une fumée en forme d'aigrette, expulsant de même des autres ouvertures une fumée plus légère enveloppant le petit globe.

Nous avons, dans l'obscurité, répété l'expérience en introduisant dans la toupie des morceaux d'éponge imbibés d'alcool allumé. Les mêmes choses se sont produites : seulement le gaz sortant s'élevait en cône lumineux. Alors nous avons placé sous la petite sphère un flambeau dont la lumière a beaucoup affaibli, de ce côté, celle du microcosme, quand au contraire la partie supérieure brillait de son propre éclat, laissant voir à travers cette lueur un vif luminaire s'élevant en gerbe à une certaine hauteur. (Voir la figure N° 1.)

A savoir si l'anneau de Saturne ne serait pas dû à un percement considérable au flanc de cette planète, laquelle se ferait, en tournant sur elle-même, une ceinture des vapeurs sortant de son sein ? (Voir la figure N° 2.)

La terre se meut autour du soleil en décrivant une ellipse (supposons un rond) ; la comète en décrit une autre (supposons encore un rond). Figurons-nous là deux cercles de fil de fer de deux mètres de diamètre ; mettons debout l'un d'eux pour qu'il nous représente l'orbite de la terre. Dans ce cercle passons l'autre et plaçons le horizontalement, de manière à ce qu'un côté nous masque l'autre. Cette figure nous représentera une circonférence, plus une double ligne transversale. Inclinons légèrement un côté de cette ligne ; le côté opposé s'élèvera d'autant. Nous aurons là une ellipse très-allongée. Voilà le parcours apparent d'une comète.

(Voir la figure N° 3.) Cet astre, quoique paraissant ici décrire un ovale fort étroit, décrit peut-être en réalité un rond ; car, si nous inclinons tout-à-fait le cercle transversal, nous le verrons entièrement rond.

En parcourant cet orbite, soit ovale, soit rond, la comète se trouvera, sur un point par rapport à notre œil, en conjonction avec le corps placé au centre figurant le soleil; elle semblera toucher ce corps quand elle en sera à la distance de rayon.

Mais les deux cercles, se croisant, se toucheront sur deux points appelés nœuds; et là, la terre et la comète peuvent se rencontrer, la terre en tournant dans le sens vertical et la comète dans le sens horizontal. Pour cela, dira-t-on, il faudrait donner aux cercles une égale proportion, et les planètes décrivent des orbites de toutes sortes. Mais c'est là l'importance du fait. On voyait naguère douze planètes; on en compte aujourd'hui 96, dérivant des orbites de toutes dimensions. Voyons là, dans des proportions réduites, autant de cerceaux placés perpendiculairement les uns dans les autres. On compte, terme moyen, 700 comètes; représentons leurs orbites par autant de cerceaux croisant dans tous les sens les 96 premiers. Nous aurons là 796 lignes de parcours, nous montrant artificiellement en petit la marche des 796 planètes autour du soleil. (Voir la figure 4.)

Ne serait-il donc pas possible qu'un de ces corps et notre globe se rencontrassent un jour par rupture d'harmonie, et se détruisissent mutuellement? Car ce qui n'arrive pas dans un an peut arriver dans mille ans, dans dix mille ans, dans cent mille ans, malgré l'espace considérable qui sépare ces astres entre eux. Mettons dans un sac une série de numéros depuis 1 jusqu'à 100,000 : le numéro 1, auquel on attacherait une fatalité, s'y trouverait toujours et pourrait sortir le premier comme le dernier. Cependant, si les astres se repoussent entre eux au lieu de s'attirer, une comète pourrait bien éviter toute rencontre : cela serait le fait ordinaire. Mais un astre sortant d'harmonie planétaire, se précipitant plus rapide par transformation quelconque, ne peut sans doute ni éviter ni être évité.

Une comète ne peut être une planète qui se forme comme on l'a prétendu ; car, si le corps est entier, comment expliquer l'aigrette lumineuse qui le couronne ? Ce panache de lueur ne peut sortir que des profondeurs d'un vaste gouffre, de l'étendue d'un cinquième de globe, par exemple, gouffre au fond brûlant, et ce phénomène extraordinaire révèle plutôt un désordre qu'une perfection.

Une comète a pu être d'abord un tout petit soleil, puis un soleil éteint qui décrépit (comme la terre), puis une planète aux flancs béants par explosion ou par écroulement de continent, laquelle planète, ayant par ce fait rompu son équilibre, s'éteint bientôt. C'est sa finale existence.

On demandera si un astre peut faire explosion. Un astre peut éclater comme une bombe, comme une locomotive. Dans la nature, rien n'est petit ni grand, rien n'est beau ni laid que par comparaison. Une bombe par rapport à une locomotive n'est pas grand'chose, une locomotive par rapport à une montagne est un petit objet. Il en est de même de la terre par rapport au soleil , qui est nn million trois cent mille fois plus grand , dit-on.

Dans de telles proportions , une planète , quelque immense qu'elle nous paraisse , est au milieu des étoiles ce que serait une graine de moutarde dans un champ de citrouilles. Que serait là l'explosion de cette graine? Rien. Eh bien! par rapport aux étoiles qui sont des soleils , l'explosion d'une planète serait de nul effet.

L'astronome Olbers, ayant remarqué une distance trop grande entre Mars et Jupiter , a pensé que là avait dû exister une grande planète , laquelle aurait éclaté. Il en serait résulté quatre débris formant aujourd'hui Cérès, Vesta , Junon et Pallas. Le célèbre Kleper avait remarqué avant Olbers la distance considérable qui existe entre Mars et Jupiter , et il pensait qu'une planète avait dû occuper cet espace.

Notre globe, qui daterait de 4,100 ans environ avant Jésus-Christ , a éprouvé des secousses terribles provenant, assure-t-on : 1° de tremblements de terre qui ont fait surgir les continents et les îles du sein de la mer; 2° d'un retournement d'astre mettant le pôle sud au pôle nord. Ce dernier point fait déjà pressentir une cause du déluge.

Aussi, la terre qui devait tourner du sud au nord, tourne aujourd'hui de l'ouest à l'est. Le premier contre-tour a dû être fatal à notre globe par le déplacement des mers.

Cela supposé, quelle a dû être la confusion de la terre durant ce cataclysme? Quel clapotage des flots ! Quelle mortalité et quel entraînement d'objets détachés du sol !

Ne serait-ce pas là une poussée de comète dans sa course rapide et vagabonde à travers les planètes, ou le résultat d'une révolution intérieure?

Que deux locomotives se rencontrent, évidemment la plus grande écrasera la plus petite si le choc est plein ; mais si ces deux corps ne se font que heurter, le plus petit déraillera avec avaries, ce qui a pu arriver à la terre, car la répulsion ou l'attraction mutuelle des astres ne peut arrêter les corps se précipitant éperdus par rupture d'harmonie planétaire, rupture provenant sans doute de cumul considérable de gaz enflammé. Ainsi s'élance rapide et désordonnée, si plutôt elle n'éclate, une locomotive par trop chauffée.

Maintenant, qu'une comète, par une de ces apparitions soudaines, vienne imprimer à notre globe une secousse qui le replacerait dans sa position première, il adviendrait que la mer déplacée de nouveau recouvrirait les continents, laissant sous forme d'îles les hautes montagnes, telles que les Pyrénées, les Alpes, l'Atlas, l'Himalaya, le Névado-de-Sorota, etc., avec leurs habitants blancs, cuivrés, bruns et noirs, et de plus, leurs animaux de toutes sortes. Une grande partie du fond actuel de la mer se montrerait à sec : ainsi, le grand banc de Terre-Neuve serait un Sahara, et le Sahara un banc sous-marin ; les ours blancs des contrées glaciales iraient s'ensevelir sous la zone torride, et les éléphants dans les régions australes ; les rares habitants préservés des quatre parties du monde peupleraient les bas fonds délaissés par les eaux. — Voilà les effets probables de notre globe à son état primitif.

Nous avons déjà fait connaître deux graves perturbations terrestres, en voici une troisième que l'on ne peut révoquer en doute : c'est le déluge arrivé l'an 2348, avant Jésus-Christ. Quelle a été, physiquement parlant, la vraie cause de ce grand évènement? C'est ou le retournement du globe amenant celui de la lune, ou la rencontre d'un immense tourbillon aqueux surprenant la terre dans son parcours. Ces causes n'étant pas encore suffisamment démontrées ne laissent pas moins dans l'esprit une forte présomption de probabilité pour l'une d'elles.

La pluie est une vapeur condensée; or, d'où est-elle sortie cette vapeur considérable qui a donné lieu à l'immersion générale de la terre?

Nous devons faire précéder nos exercices sur le déluge, de quelques considérations qui nous ramèneront insensiblement au sujet. Parlons du soleil.

Le soleil est un corps de feu; les nuages lumineux que l'on y observe doivent être des flammes mille fois plus grandes que la masse d'une planète, et ses ondulations gazeuses doivent avoir des milliards de lieues d'étendue.

La nature du feu solaire est inconnue, mais ce feu doit être identique à celui qui vivifie les planètes; ce qui fait penser que ces derniers astres doivent participer du soleil.

Les planètes ne seraient plus alors que de très-petits soleils éteints à l'extérieur, ne se maintenant plus que de leur feu central; sans cela, leur chute serait certaine. Voyons plutôt ces étoiles filantes laissant sur leur passage des traînées d'un feu mourant comme celui d'une fusée : c'est qu'ils s'éteignent, ces corps, les étincelles qu'ils laissent derrière eux ne sont que des aérolithes embrasés, derniers vestiges d'existence.

Qu'est-ce qu'une étoile filante ou tombante ? C'est, nous croyons, un petit corps solide, incandescent, qui, par affinité de fluides particuliers émanés du sein de la terre, s'est formé dans notre atmosphère où son calorique le tient en équilibre. Ce corps est, à sa formation, à l'état de pure fluidité; il passe ensuite à l'état brillant de météore igné et pâteux ; puis exposé à l'air froid, il se solidifie peu à peu à sa surface, c'est-à-dire qu'il se couvre insensiblement d'une croûte de lave; mais arrivé à une certaine époque d'existence, les gaz qu'il renferme ne trouvant plus d'issue pour se dégager le font éclater. Ses débris subissant alors notre pression atmosphérique tombent en aérolithes (en pierres) sur la terre. L'étoile tombante est en quelque sorte une espèce de petite planète, laquelle ne réunissant pas comme les autres corps célestes toutes les conditions de vitalité, périt bientôt de son imperfection ; ou c'est un vieux corps qui a fait son temps.

La lune, autre petit soleil dans son état primitif sorti du sein de la terre par éclat, comme l'a prétendu un astronome (nous reviendrons là dessus), doit nécessairement avoir son feu central ; or, si elle a du feu elle doit avoir des gaz, des vapeurs aqueuses, et par suite des mers. Buffon assure, avons-nous dit, que la formation des montagnes est due aux flux et reflux des mers; donc, ce sont les mers qui ont dû former les montagnes de notre satellite.

Que sont-elles devenues ces mers? On dit que la lune est sans eaux, alors elle est sans calorique, dans cet état elle ne devrait pas exister ; le feu est le principe vital des astres : nous voulons dire le feu qui leur est propre.

On nous dira : S'il y a des vapeurs et par suite des mers et des rivières sur la surface d'un corps céleste soumis à l'action du feu, l'abondance de ces mers et de ces rivières devant être en rapport de la force calorique, le soleil devrait nager dans le liquide. Eh bien ! c'est précisément à cause de cette force extrême que le soleil n'a point d'eau ; car le calorique est d'autant plus dévorant qu'il est plus intense, et les vapeurs aqueuses sont d'autant plus puissantes qu'elles sont plus denses, de telle sorte que le feu consume l'eau, et l'eau éteint le feu suivant la proportion de leur force relative en contact. Par cette raison, le soleil, dont l'incandescence est d'une puissance incomparable, ne doit point supporter de liquide à sa surface.

Ce corps nage dans un immense tourbillon de fluide brûlant, tourbillon qui va par dégradation se perdre dans les régions éthérées. Là se forment peut-être des tourbillons gazeux, pelotonnant dans leurs étreintes pressées certaine quantité de molécules solaires composant de leur cohésion une larme de feu, comme se compose, par exemple, l'éclair en *boule* dans le flanc du nuage. Cette larme de feu, ce petit soleil naissant se refroidit à sa surface après de longs siècles d'existence : c'est alors que le tourbillon gazeux qui l'entourait devient son atmosphère avec ses composés ; que l'oxygène et l'hydrogène, se trouvant dans les proportions voulues, forment les mers ; que les gaz intérieurs toujours plus comprimés par l'épaisseur toujours plus solide de la voûte terrestre, et voulant s'affranchir, soulèvent cette croûte s'ils ne la font voler en éclats, la poussent hors de l'eau sur plusieurs points, et la brisent çà et là, donnant ainsi passage aux vapeurs participant aux phénomènes atmosphériques ; que ces gaz lancent des gerbes de feu constituant les volcans et les météores ignés.

Telles sont peut-être, disons-nous, l'origine et la transformation des planètes. Pour l'origine, Buffon prétend que notre globe a été formé d'une portion détachée du soleil *par le choc d'une comète*, et qu'il en a été de même des autres planètes.

Sans doute, Buffon est une éminente autorité, mais Dieu n'a rendu personne infaillible ici-bas, et n'a point refusé au vulgaire l'instinct de la science : l'homme le plus obscur peut donc avoir son moment heureux de lumière, comme le savant son moment fâcheux d'erreur. Eh bien ! l'illustre naturaliste nous fait voir ici le soleil moins solide qu'une comète, quoique ce dernier corps n'ait d'après les plus grands astronomes qu'une puissance relative infiniment inférieure. C'est donc la comète qui aurait dû être entamée et non le soleil ; elle aurait dû s'y briser ou bien en être endommagée par obliquité de choc sans préjudice pour l'astre du jour, à moins de considérer le soleil comme étant un corps friable et la comète comme une masse métallique ; alors leur choc pourrait être comparé à celui d'une balle de fer frappant en biais une grosse boule d'argile.

Les taches que l'on remarque au soleil pourraient bien être des corps errants appliqués, ou bien des gouffres d'où seraient sorties les planètes par explosion de matière.

Quelle est la cause du mouvement des planètes?

Notre globe, en se formant, s'est approprié dans son sein caverneux une certaine quantité d'oxygène et d'hydrogène. Là, ces fluides en contact permanent produisent de l'eau. Cette eau intérieure, tantôt expulsée çà et là par la force des vapeurs gazeuses, tantôt attirée par le vide produit par le déplacement de ces gaz, doit de sa combinaison avec le feu central imprimer à l'astre son mouvement diurne.

Le mouvement! Dans les animaux, ce mouvement résulte de l'œuvre matérielle et de la chaleur vivifiante. La charpente de l'animal est faite, mais la chaleur lui donne la vie. Sous bien des rapports, il existe une analogie frappante entre notre globe et l'homme : par exemple, l'homme a une peau, la terre a une croûte qui lui en tient lieu ; l'homme a des cheveux, la terre a des végétaux ; l'homme a des pores, la terre a des ouvertures partout ; l'homme a des veines dans lesquelles le sang circule, la terre a dans tous les sens des galeries souterraines dans lesquelles circulent les eaux ; l'homme a des os pour charpente, la terre a des rochers pour supports ; l'homme a des battements réguliers de sang, la terre a des flux et reflux réguliers dans ses grandes eaux; l'homme articule des sons, la terre siffle par les vents et gronde par le tonnerre; l'homme voit, qui sait si la terre n'a pas un sens mystérieux lui tenant lieu d'organe? sinon le Créateur voit pour elle;

l'homme a des ressorts qui le font mouvoir, la terre a des ressorts secrets qui la mettent en mouvement; l'homme a de la sensibilité, la terre est sensible aux influences atmosphériques, de là son abondance ou sa stérilité; enfin, l'homme *pense,* et sa pensée remonte jusqu'à l'Être suprême. Voilà justement ce qui le rend supérieur à la matière.

Encore le mouvement. Buffon a écrit que la terre est le produit du choc d'une comète contre le soleil, c'est-à-dire d'une étincelle solaire provenant de ce choc, et que le mouvement de rotation de la terre n'est que l'effet de l'obliquité de la rencontre. Cette opinion, quoique émise par un grand maître, n'est pas de nature à nous convaincre. Le mouvement, ici, n'aurait qu'une cause extérieure (le choc), quand nous la croyons intérieure : soit dans le sein des planètes.

Les astres tournent sur eux-mêmes, il n'est pas croyable que cette action provienne de choc accidentel; nous aimons mieux en attribuer la cause à une puissance occulte que la locomotive nous fait pressentir.

En effet, voilà une de ces machines livrée à elle-même, passant rapide comme un trait; sa marche est produite par la prise de ses roues sur le sol, mais la cause combinée de cet effet est contenue dans l'intérieur de l'objet. Installons, s'il est possible, un appareil à vapeur dans une grande boule. (Voir la figure 5.)

Cette boule roulant sur le sol nous présentera deux mouvements : un de rotation, un de projection. Il est certain que l'âme de ces mouvements ne sera

pas autre chose que la vapeur agissant dans l'intérieur de la boule. Or, nous pensons que les astres
sont mus par une force intérieure semblable, dont
le mécanisme est le secret du Créateur des mondes.

La boule que nous supposons aurait la terre pour
point d'appui; mais, nous l'avons dit, notre globe
est en équilibre dans l'espace. Il y planerait immobile, si la vapeur intérieure résultant du feu et de
l'eau[1] ne le mettait en mouvement. La vapeur
seule donnera un jour au ballon le moyen de parcours libre, quand, par une ingénieuse combinaison
simple et légère, cette vapeur fera mouvoir certaines
ailes sur les flancs de l'aérostat, imitant en cela les
oiseaux dans leur vol.

Si les planètes émanent du soleil, d'où peuvent
provenir leurs satellites?

Ces petits corps semblent appartenir par analogie
au foyer autour duquel ils tournent.

Un auteur assure que les gaz qui avaient soulevé
l'enveloppe de notre globe pour se faire jour, avaient
en même temps laissé par explosion assez de matière
incandescente et compacte pour former un tout petit
corps (la lune); que l'océan comblant immédiatement l'énorme cavité produite par l'expulsion de
matière s'était éloigné du rivage, mais que bientôt
faisant retour sur lui-même, il reprit son niveau. Ce
fut là le premier mouvement descendant et ascen-
dant de la mer, mouvement qui depuis a lieu deux

---

[1] Les anciens ont fait naître Vénus de l'océan par la combinaison du feu et de l'eau. Sous cet emblème, dit un historien, les Grecs représentaient l'union des deux éléments qui,
selon plusieurs philosophes, ont tout produit.

fois par jour , par cette raison que l'eau remplissant le gouffre est régulièrement soulevée par les gaz sortant, le soleil et la lune aidant, soit par attraction, soit par pression.

Ainsi montent et descendent, *à heures fixes*, les eaux de quelques fontaines intermittentes, dont le ressort n'est autre chose que le jeu régulier des gaz intérieurs, et non l'interception des rayons solaires par la hauteur de certaines montagnes, comme on l'a dit.

« On voit dans la mer, dit-on , d'immenses *cra-* » *tères*, foyers toujours ardents, et où s'échappent » des laves bouillantes et des roches enflammées qui » vont jusqu'à la surface *soulever* des masses liqui- » des, et la nature toujours en travail y pourrait » offrir au regard des cataclysmes aussi terribles » que ceux qui viennent trop souvent ravager nos » continents. »

Sur quel point du globe a eu lieu l'extraction du satellite?

On nous répond : Entre les tropiques, là où la mer n'a pas de fond, là est le gouffre; et si ce gouffre se fût ouvert sur le continent à l'un des pôles, la terre eût présenté l'aspect d'une comète.

Newton attribue les marées au mouvement de rotation de la terre, puis à l'attraction du soleil et surtout à celle de la lune. Sir Philippe dit que « les » marées ne sont que le résultat des réactions mécani- » ques de la lune sur les eaux ; elles font partie des » lois générales qui régissent le système de la terre » et de la lune. On peut considérer la marée comme » un pendule oscillatoire. Les continents arrêtent

» ou pour mieux dire interceptent l'action dont le
» renouvellement forme la seconde marée dans les
» 24 heures. »

Quels seraient ces continents d'interception? Les
voici d'après nous : d'un côté l'Amérique, et de
l'autre côté les grandes et nombreuses îles de
Malaisie, formant en quelque sorte un barrage con-
tinental depuis l'Australie jusqu'à la péninsule de
Malacca (terre-ferme indienne.) Ces deux intercep-
tions, étant antipodales l'une à l'égard de l'autre,
partagent en deux parties à peu près égales le grand
Océan équinoxial, l'Atlantique et la mer des Indes,
de telle sorte que cette double interception peut
donner deux flux et deux reflux par 24 heures.
(Voir la figure n° 15.)

Cette figure représente la terre entourée de la mer
dont le niveau est indiqué par des traits d'union ; à
droite c'est l'Australie, à gauche c'est l'Amérique.
Maintenant voici, tel que nous le comprenons, le jeu
des eaux sous l'influence lunaire. La haute mer en
A est marquée par de petits points................ mais
alors il est basse mer en B et D ; quand il est haute
mer en B, marquée 0000, il est basse mer en A et
en C ; quand il est haute mer en C, marquée en gros
points...., il est basse mer en B et D ; quand il est
haute mer en D marquée ***, il est basse mer en A
et C. Mais les points d'interception font que les eaux
entre B, A, D, reprennent par réaction leur niveau
dès que l'action lunaire se fait entre B, C, D. Arrivées à leur niveau, ces eaux sont immédiatement
reprises par le retour du satellite entre D et A, et
ainsi de suite ; de telle sorte que nous comptons

deux flux et deux reflux sur tous les points de la circonférence occupée par la mer : par exemple, pour A , *haute* mer (flux) à midi; *basse* mer (reflux) à 6 heures du soir; *réaction* de niveau vers A , à minuit; *basse* mer à 6 heures du matin; enfin *haute* mer encore à midi. Le réaction de niveau n'arrive pas, ici, juste au degré de haute mer; mais s'il y arrive en réalité, cela doit être dû au mouvement de rotation de la terre, ou plus vraisemblablement au choc des courants contraires à l'opposé de l'effet lunaire; car, là où deux courants se rencontrent, il y a cumul de matière.

Mais si la lune, qui est 49 fois plus petite que la terre, contribue, pour 3/4 de force, à soulever l'océan, la puissance de notre globe sur la lune doit être considérable.

Notre retournement, en admettant ce fait, a dû par contre-coup amener celui de notre satellite, qui dans cet effroyable dérangement a pu nous effleurer et nous déverser ses eaux.

Si le choc d'une comète contre le soleil a pu paraître possible à un grand génie, la rencontre de la lune et de la terre est bien plus probable comme fait accidentel.

Que serait-ce si la lune, au lieu d'être 49 fois plus petite que la terre, en était 49 fois plus grande, et si dans cette proportion elle venait à subir quelque terrible commotion propre à lui imprimer un contre-sens de mouvement ? Il est évident que notre globe entraîné éprouverait en même temps le contre-coup de perturbation qui modifierait essentiellement son état : il perdrait, dans son temps d'arrêt, tout ce que sa force de gravité paralysée ne pourrait plus retenir à surface Ainsi, nos mers et nos rivières disparaî- traient à grands flots allant inonder le corps prépon- dérant, si toutefois nous nous trouvions entre ce corps et l'astre étranger dont la rencontre fortuite serait la cause de perturbation ; les êtres vivants, les villes, les vaisseaux seraient précipités; et si le déluge supposé provenir de la lune ne nous a pas couvert de cadavres de toutes sortes, c'est que probablement le satellite n'était pas habité, ou, s'il était habité, la chute de ces cadavres a dû avoir lieu simultanément avec la submersion générale de la terre. Dès-lors, nulle déné- gation du fait ne peut être donnée, ni par l'histoire des âges, ni par la science. Donc, la possibilité du fait peut être démontrée.

La lune, avons-nous dit, a dû avoir une mer, mais une mer profonde la couvrant entièrement : or, cette eau devait contenir des poissons et des coquilla- ges, lesquels coquillages et poissons d'espèces parti- culières auraient pu être précipités avec le liquide dans lequel ils vivaient, liquide laissant apparaître après sa chute des continents dans le satellite.

On trouve dans le nord de la terre des squelettes d'animaux inconnus des hommes : qui peut assurer que les espèces auxquelles ces ossements se rappor- tent n'ont point appartenu à la lune? Cette opinion est des plus hardies. Mais la hardiesse en bien des circonstances est nécessaire à l'idée. C'est du génie et du courage de la mise en pratique que sort la faculté de correspondre d'un bout du monde à l'au- tre, au moyen d'un fil métallique étendu dans l'air ou dans les flots, de correspondre par transmission

de mots avec une rapidité électrique de 117,000 kil.
par seconde; c'est grâce encore à la hardiesse de conception et d'application que des vaisseaux en fer font
le tour du globe par la seule puissance de la vapeur.
Les idées profondément ingénieuses qui ont amené
ces résultats pouvaient d'abord paraître extrava-
gantes, mais elles n'ont pas moins eu plus tard leur
juste portée en dépit des incrédules.

Si les animaux dont nous avons parlé avaient
appartenu à notre monde, le déluge n'en aurait pas
détruit les espèces, ces espèces étant de celles que
la nature de l'élément déchaîné aurait préservées,
comme elle a préservé les baleines, les cachalots,
les requins, monstres qui certainement n'avaient
pas un aquarium dans l'arche de Noé. Or, pourquoi
la lune ne nous aurait-elle pas jeté ses produits
marins en nous versant les eaux qui les contenaient?
Qui sait si les ichthyosaures, mesurant de 15 à
20 mètres de long avec nageoires, si les plésiosaures,
serpents gigantesques également pourvus de nageoires, et tant d'autres poissons de l'espèce dont nous
voyons les squelettes, ne seraient pas de provenance
d'outre-monde, comme nous l'avons déjà dit?

On objectera : Si la lune a perdu ses eaux par
perte d'équilibre provenant d'un accident quelconque, par la même raison la terre aurait dû perdre
les siennes. Nous répondrons : La terre, alors inerte,
a dû déverser une grande partie de ses eaux dans
l'espace; mais elle a dû, d'un autre côté, s'approprier
par sa reprise de rotation tout le liquide provenant
de son satellite. Certes, la terre a dû plus perdre
que gagner dans cet échange; car, avant ce cata-

clysme, ses eaux étaient bien plus élevées; ce qui le
prouve, c'est la présence de coquillages sur certaines élévations de notre globe, comme c'est peut-être
le déplacement de la mer dans le retournement supposé de la terre.

On objectera encore : Si la lune est 49 fois plus
petite que la terre, il est évident qu'elle n'a pu sub-
merger qu'une faible partie de la terre, tandis que
le déluge a été universel. Ce dernier point est con-
testable si l'on donne au mot sa véritable significa-
tion; mais il faut le prendre au figuré. On dit en
parlant d'une célébrité que sa renommée est universelle, pour dire qu'elle est grande; car beaucoup de
renommées prétendues universelles ne franchissent
pas les bornes de l'Europe. Qu'est-elle donc deve-
nue cette eau diluvienne qui a couvert de 15 coudées les plus hautes montagnes du monde? Des
vents d'une extrême impétuosité et de longue durée,
dit-on, l'ont évaporée. Pour expliquer un fait dont
les causes sont mystérieuses, on peut se permettre
telle version et lui donner un caractère sacré; mais
nous ne trouvons rien de plus sacré que la vérité.
Or, il est physiquement prouvé que ce que la mer
perd en évaporation lui est intégralement rendu par
les fleuves et les pluies. Tel est l'équilibre éternel
des pertes et retours. Les vents en question peuvent
avoir existé; mais comme ils sortent de l'état naturel des choses, on ne peut y croire que sur la foi
religieuse.

La lune suit à peu près le plan de l'écliptique sous
la zône torride : or, en nous lâchant ses cataractes,
elle n'a dû le faire que sur la ligne de son passage,

et par conséquent ne couvrir de 15 coudées d'eau que les montagnes situées sur cette ligne ; puis, de là, la masse liquide a dû aller avec impétuosité chercher son niveau à travers les vallées, ravageant tout sur son passage.

Expliquons-nous la chute de l'eau diluvienne par une comparaison quelconque. Prenons une boule hérissée d'aspérités assez saillantes pour nous représenter la terre et ses montagnes ; mettons ce microcosme en grand mouvement de rotation sur son axe ; versons de l'eau dessus. Là où se fera la chute, là sera le grand effet d'immersion, là toutes les aspérités seront couvertes ; mais aussitôt l'eau, entraînée par la boule, s'étendra à travers les aspérités éloignées du point d'action, et son expansion ne cessera que lorsque cette eau aura trouvé son niveau.

Ainsi tourne chargée d'un peu d'eau la meule du remouleur ; mais si cette meule cesse tout-à-coup de tourner en avant pour tourner brusquement en sens contraire, l'eau qu'elle contient à sa surface tombe immédiatement. Ainsi ont dû faire les eaux de la terre et de la lune dans leur contre-mouvement.

Nous indiquons ici une immersion sur un point terrestre par la chute des eaux de la lune ; mais la terre, en perdant en même temps une grande partie des siennes, a dû subir une autre immersion aussi considérable sur un point diamétralement opposé au premier. En effet, dans le premier cas, les eaux de la lune auraient couvert, par exemple, les montanes de l'Inde ; dans le second cas, les eaux de la terre se détachant de la partie européenne auraient couvert les montagnes de cette partie, qui, par rapport à l'extrême orient est en sens inverse.

Démonstration : prenons une grosse boule, plantons dessus une croix A et au-dessous une croix B, de manière que ces deux objets soient l'un par rapport à l'autre diamétralement opposés. Supposons la boule entourée d'un peu d'eau représentant la mer ; faisons tomber cette eau par une secousse imprimée à la boule ; l'eau, en tombant, couvrira entièrement la croix B, laissant à sec la croix A. En ce moment versons de l'eau sur la boule ; cette eau, dite diluvienne, couvrira la croix A, et si la boule est alors mise à grande vitesse de rotation, elle s'appropriera le liquide versé. Voilà d'après nous comment a dû se produire le déluge : d'abord il a dû se faire *sur* notre globe, à l'équateur, par des flots tombant de notre satellite ; puis, pendant ce temps, il a dû avoir lieu *sous* notre planète par des flots se détachant pour se perdre dans l'espace (fig. 14).

On objectera : Le déluge a duré 40 jours et 40 nuits, et d'après vous il n'aurait eu que la durée d'un tour de rotation. Nous disons : un tour de rotation comme commencement de cataclysme. Nous ne comptons point les tours subséquents qui, eux aussi, ont dû amener de graves désordres, mais en s'affaiblissant insensiblement jusqu'au quarantième jour, si l'on tient à ce chiffre.

Le déluge a dû se faire sur un point de l'équateur. Voilà pourquoi les eaux sortant de la zône torride ont entraîné une grande quantité d'animaux de cette zône vers les régions boréales, où se trouvent entassés

beaucoup de leurs ossements, ossements de méga-
losaures, espèce de lézards mesurant de 15 à
20 mètres de long; de mégatherium, animal gigan-
tesque; de mammouths, de 15 à 18 pieds de haut;
de rhinocéros, d'hippopotames, d'éléphants, de
lions, de tigres, etc.... On a même trouvé dans un
glaçon des mers arctiques un éléphant fort bien
conservé. Des végétaux des tropiques et de nos climats sont en très-grand nombre enfouis dans l'extrême septentrion. Mais les mers de ces lieux avaient
dû déjà faire place aux eaux diluviennes renversant,
entraînant tout sur leur passage. Les mers septen-
trionales, disons-nous, ont dû être soulevées et
lancées dans l'espace, avec partie de leurs êtres
vivants, par la raison que l'Europe, eu égard à la
june, devait être *dessous* la terre (tête en bas), et
non dessus (tête en haut) [1].

Il est évident que la terre et son satellite, se trouvant alors en état de grand trouble, auraient perdu
une grande partie de leur force de gravité : c'est-à-
dire, que la pression de l'air exercée sur ces astres
aurait cédé à la force répulsive provoquée par l'extrême ébranlement de ces corps, ébranlement plus
particulièrement considérable sur les parties d'où les
mers se seraient détachées.

Ainsi, des tremblements de terre font surgir des

[1] La terre est ronde ; or, si la chute des eaux diluviennes
a eu lieu sur un point quelconque de l'équateur, ces eaux
ont dû aller partie vers les glaces boréales et partie vers les
glaces australes. Nul doute alors que, si l'on pouvait pénétrer
dans ces dernières régions, on y trouverait aussi des débris
ayant appartenu aux régions équinoxiales.

îles du sein des mers ; ainsi, des trombes, des siphons enlèvent des masses prodigieuses d'eau, laquelle s'évapore souvent dans l'espace, le tout sans que la pression atmosphérique fasse obstacle à l'action de ces phénomènes. C'est que la force d'un grand trouble dont est atteint un astre, peut déranger fatalement ce qui constitue l'organisme de cet astre.

Nous avons parlé de tourbillons. Qu'est-ce qu'un tourbillon? Dans le sens commun, c'est un amas de nuages mus en tournoyant par l'impétuosité des vents. Mais, dans notre sens, c'est un vaste amas de gaz diaphane tournoyant dans l'immensité avec une extrême vitesse. Qui n'a pas vu des tourbillons de poussière sans voir précisément le fluide qui les formait? La production du tourbillon gazeux, invisible, a pour causes probables : 1° les perturbations éthérées produites par la marche excessivement rapide des nombreuses planètes et comètes à travers notre système planétaire; 2° les rapports d'action qui doivent exister entre notre soleil et les autres corps de l'espèce. Il est de ces perturbations aériennes comme de celles des courants réguliers et irréguliers, connus et inconnus, des mers, où « quel- » quefois deux courants opposés se rencontrent ; ils » produisent alors des *tourbillons* ou gouffres dont » le plus remarquable est celui de Malstroem, au » sud des îles Laffoden. »

Un tourbillon ordinaire entraînant de grands nuages, une trombe, autre tourbillon plus énergique encore, nous paraissent des météores considérables dans notre atmosphère, mais impossibles dans des proportions telles qu'elles envelopperaient le monde entier. Nous l'avons déjà dit, rien n'est grand ni petit que par comparaison : or, la terre, dans le tourbillon que nous nous figurons, ne serait qu'un point dans l'espace. En effet, notre globe est à l'égard du soleil ce qu'est un grain de plomb de chasse à l'égard d'une bombe, et l'humidité d'un souffle sur ce grain ne représenterait pas même la profondeur de notre mer. D'après cela, l'on peut se faire une idée d'un tourbillon qui envelopperait ce petit corps. Maintenant, supposons un tourbillon gazeux enveloppant la terre, la pressant de tout côté et se roulant avec elle dans l'espace : ne reconnaîtra-t-on pas alors quelque chose de possible dans la théorie de Descartes? Comme les éclectiques, nous ne croyons qu'aux choses les plus vraisemblables; aussi sommes-nous pour la version qui place les astres dans des tournoiements de gaz, tournoiements provoquant des ondulations incessantes.

Le tourbillon gazeux de la terre refroidie a dû, nous avons dit, se condenser et se convertir en eau, dans laquelle notre globe a dû nager pendant des siècles; et cette eau, c'est la mer couvrant les trois quarts de notre globe.

La mer, qui nous paraît si profonde, n'est rien dans des proportions réduites : sa plus grande profondeur est de 4,000 mètres, d'autres disent 400 mètres, qu'importe à certains écrivains un zéro de plus ou de moins? Soit donc 4,000 mètres de profondeur, abstraction faite des lieux où le fond est inconnu. Or, un globe qui mesurerait environ 40 mètres de circonférence n'aurait pas une mer d'un millimètre de fond. De réduction en réduction, nous arriverions à ne plus trouver qu'un peu de rosée sur une boule de la grosseur d'une orange : c'est-à-dire, que tourbillon et planète qui, dans notre imagination, nous paraissent si grands, ne sont ensemble qu'un point eu égard au soleil, qu'un atome parmi les étoiles, et plus rien dans l'espace.

D'après tout ce que nous avons dit, notre globe a pu être, à sa première époque, un fort petit soleil formé de molécules solaires pelotonnées par tourbillon gazeux (voir la figure n° 6) à sa seconde époque, un soleil éteint plongé dans l'eau (figure n° 7) à sa troisième époque, un globe présentant des continents couverts de végétation et peuplés d'êtres vivants, l'homme en tête comme intelligence et pouvoir; puis, un astre profondément bouleversé (c'est l'époque du déluge), et par suite ayant renouvelé ses habitants, ses animaux et ses végétaux (figure 8). Sa quatrième époque sera un refroidissement tel que nul être vivant ne pourra plus exister. Avec les hommes et les animaux périront tous les végétaux (voir la figure n° 9), et sa cinquième époque sera l'extinction totale du feu central, le terme de l'existence (figure 10).

Buffon a dit : « Un théologien hétérodoxe, la tête » échauffée de visions poétiques, croit avoir vu » créer l'univers; osant prendre le style prophéti-» que, après nous avoir dit ce qu'était la terre au » sortir du néant, ce que le déluge y a changé, ce » qu'elle a été et ce qu'elle est, il nous prédit ce » qu'elle sera même après la destruction du genre » humain. »

Comme on le voit, il est des savants fort respecta-

bles d'ailleurs, qui ne se font pas scrupule de sar-
casme à l'égard de ceux dont ils n'admettent pas les
idées. Galilée et Burnet, entre autres, pour avoir
émis des pensées contraires à celles généralement
admises, furent traités, le premier d'hérétique, le
second de visionnaire. Mais Buffon, qui se moquait
de la comète de Whiston [1], en imagina bientôt une
non moins curieuse [2], et, chose singulière ! il ajouta :
« Le *choc* ou l'approche d'une comète, l'absence de
» la lune, la présence d'une nouvelle comète, etc.,
» sont des suppositions sur lesquelles il est aisé de
» donner carrière à son imagination. De pareilles
» causes produisent tout ce qu'on veut Comme his-
» torien, nous nous refusons à ces vaines spécula-
» tions. »

Cependant le *choc* d'une comète sort de l'imagination de l'illustre naturaliste, qui, dit-il, ne veut être
qu'historien ! Eh quoi ! ne peut-on pas, sans être
qualifié de visionnaire, s'exercer librement sur des
choses que les savants mêmes traitent encore en
désaccord d'opinions ? Ne peut-on pas émettre une
idée indépendante sur l'origine, la nature et le sort
des autres ? Faire ce que Buffon a fait lui-même tant
de fois ? Nous ne pensons pas qu'il soit bienséant, à
n'importe quel savant, de traiter de vision une opinion manifestée sur des choses encore inconnues,
quelque extravagante que paraisse cette opinion.

Un homme obscur voyait un nouveau monde au-
delà des mers ; les infaillibles de l'époque le traitè-

---

[1] Comète dont la queue aurait occasionné le déluge.

[2] Comète qui d'un choc contre le soleil aurait produit la
terre.

rent de visionnaire et même de fou. Colomb partit et leur montra ce nouveau monde! Que ce grand homme eût péri dans sa course, l'épithète de fou lui restait éternellement alors que l'Amérique existait! Jeanne-d'Arc était aussi une visionnaire, une folle, et cependant, quoique femme de la plus humble espèce, elle a fait ce que nul homme de guerre de son temps n'avait pu faire. La vision! mais elle peut être un trait de divine lumière pénétrant l'homme que Dieu désigne du doigt dans n'importe quelle classe de la société. Mais passons, et disons en libre penseur que le soleil qui est matière périra un jour : d'abord il s'éteindra[1], puis le fluide gazeux dans lequel il tourne, passant à l'état de fluide aqueux, l'inondera; ensuite, de catastrophe en catastrophe, d'épuisement en épuisement, il passera à l'état de planète, et quand le calorique n'aura plus assez de puissance pour le soutenir, il disparaîtra. Nous faisons cette prophétie d'après ce dogme que Dieu *seul* est immortel.

Ce qu'il y a de vrai, c'est que les anciens avaient remarqué sept étoiles (soit sept soleils) dans la constellation des Pléïades, Alcyoné, Celeno, Electre, Mœïa, Asterope, Mérope et Taygelé. Eh bien! l'une d'elles a disparu vers la fin du siége de Troie.

Ovide dit « qu'elle fut si touchée du sort de cette » malheureuse ville, que de douleur elle se couvrit » le visage. »

Comme la Pléïade disparaîtra notre soleil.

[1] S'il ne s'est pas éteint déjà comme les planètes, c'est que son immense volume doit nécessairement mettre plus de temps à le faire.

Ce qui pour l'homme est une période de 1000 ans, est peut-être une heure pour le soleil eu égard à la vie comparative de l'un et de l'autre ; et, dans ces proportions, le soleil pourrait périr dans 1000 ans, ce qui pour nous serait dans 9 milliards 360 millions d'ans.

Vénus a beaucoup diminué de volume et d'éclat, et son cours n'est plus le même, ce qu'ont constaté les anciens Grecs [1].

Mercure qui paraît beaucoup souffrir du voisinage du soleil, dit-on, en est au contraire plus protégé. Ce corps subsistera encore quand les autres planètes périront plus tôt ou plus tard, suivant leur éloignement de l'astre du jour et leur volume comparatif. C'est clair : alignons à distance l'un de l'autre douze boulets rougis au feu, de manière que le boulet en tête touche le foyer toujours ardent d'où seraient sortis ces corps. Il est évident que ce boulet sera encore chaud (en vie), quand les plus éloignés seront froids (c'est-à-dire morts).

On veut aujourd'hui que le soleil attire peu à peu les planètes pour les dévorer, et cela après les avoir produites et jetées loin de lui. C'est encore là une idée des plus étranges.

La nature du soleil a exercé l'imagination des physiciens. Philolaüs, entre autres, prétendait que

[1] « La fin du règne d'Orgygés, dit un auteur, est fameuse » dans l'histoire de la Grèce par une perturbation générale » dans les planètes et dans les éléments, et par les calamités » de tous genres qui en furent la suite. » Retenons ceci pour la suite de nos Exercices, qu'une perturbation générale dans les planètes amena des troubles sur notre globe.

45

« le soleil recevait le feu répandu dans l'univers
» et le réverbérait. »

De nos jours, on prétend que ce sont des émanations perpétuelles de chaleur qu'il nous envoie.

Si nous plaçons un prisme convexe entre le soleil
et un morceau d'amadou, la réunion des rayons
solaires formera au centre du verre un foyer ardent
qui par réfraction allumera l'amadou ; le feu sortira
de ce reflet. Ici, le prisme nous semble représenter
le soleil nous réverbérant ses rayons. Mais d'où le
soleil reçoit-il sa chaleur ? Cet astre microscopique
entre Sirius, Antarés et Rigel, doit la recevoir du
centre de l'univers d'où Dieu anime et dirige tout ;
car rien n'est particulier à un corps céleste que par
intervention divine.

Voulant nous expliquer le système planétaire par
une démonstration bien simple, nous avons rempli
d'eau un cuvier au centre duquel nous avons fait
tourner horizontalement une grosse boule de bois
traversée par un fer formant pivot (l'axe) ; dans un
moment, tout le liquide a suivi le mouvement de
rotation de la boule : c'était là le soleil entraînant
autour de lui le fluide éthéré (figure 11.) Alors nous
avons jeté dans le liquide en plein tourbillon, et sur
un même point, une douzaine de noix, lesquelles ont
produit en tombant des ondulations circulaires
s'élargissant en s'étendant (figure 12). Ces ondulations, se repoussant à leur point de jonction, ont
séparé ces petits corps. Nous avons vu, là, non des
forces d'*attraction* mutuelle, mais bien des forces
de *répulsion* se produisant ici dans le liquide comme
elles doivent se produire dans le fluide éthéré.

Cependant ces forces expansives, rencontrant des forces opposantes égales, ont maintenu les noix dans leur centre respectif. Au milieu de ces corps, il nous a semblé voir la terre repoussant par ses ondulations les autres corps, qui, de leur côté et par la même action, repoussaient de tous points la noix représentant la terre et la maintenaient fixe en son lieu. Nous avons vu là la loi des distances limitées des astres; et, pendant que les noix s'arrangeaient d'elles-mêmes par les contraires de répulsion, la boule entraînait tout dans le cercle de son tourbillon, et repoussait par ses propres vibrations[1] les noix qui s'approchaient d'elle. Ainsi, chaque noix se tenant à sa place décrivait son orbite, sans pouvoir aller ni à droite ni à gauche.

C'était là, pour nous, la représentation du système planétaire. Pour la rendre plus complète, il eût fallu pouvoir donner aux noix un mouvement continuel de rotation et de balancement, ce qui eût produit des ondulations incessantes les environnant.

Ceci nous donne une idée des rapports qui doivent exister entre le soleil et les planètes; mais il doit en exister aussi, de ces rapports, entre les soleils par harmonie universelle.

On dira : Les démonstrations artificielles ne sont pas des preuves. Nous l'admettons; mais il est des démonstrations tellement explicatives, que seules elles font sentir la réalité des choses.

Nous avons vu comment la boule dans le baquet

---

[1] Hévélius a découvert le premier une espèce de vibration (balancement) dans le mouvement de la lune; de même il peut en exister dans le mouvement des planètes et des étoiles.

entraîne l'eau ; de même la terre, dans son mouvement diurne, doit entraîner l'air. Faisons tourner à grande vitesse une meule d'aiguiseur, le courant d'air qu'elle produira se fera sentir en approchant la main de l'objet : ce courant sera son tourbillon. Or, la terre, comme la meule, doit avoir le sien entraînant la lune, laquelle doit aussi avoir son remous particulier ; et c'est peut-être de la rencontre de ces courants d'air que se produit en partie le phénomène des marées, ce qui se ferait par forte pression. En effet, nous voyons les mers bien plus tourmentées alors que dans la tempête, de gros nuages viennent en s'abaissant rendre l'atmosphère plus pesante. Cette pression fait fumer les cheminées par refoulement de vapeur ; elle augmente la violence des vents par resserrement d'espace. Donc, s'il y a pression d'air entre la terre et les nuages, de même il doit en exister entre la lune et notre globe par la rencontre de leurs tourbillons ; ce qui doit non attirer ces astres l'un vers l'autre, mais les repousser au contraire avec plus d'énergie par augmentation de force répulsive. Soufflons fortement dans un verre d'eau : là où se fera l'action, là sera un abaissement de liquide avec élévation sur les extrémités du verre. Ainsi, de la rencontre et de la fusion des tourbillons terrestres et lunaires il doit résulter une forte pesanteur atmosphérique, dont une colonne, pour le cas ordinaire, est évaluée au poids de 16,000 kilogrammes sur la tête d'un homme.

On objectera : Si vous doutez de la force attractive de la lune sur les mers, vous devriez douter aussi de sa force répulsive puisque les mers intérieures restent immobiles. Nous répondons : C'est précisément l'immobilité de ces mers qui accuse l'impuissance de la lune sur elles, soit que cet astre attire, soit qu'il repousse. Toutefois nous ne nions pas son action sur l'océan équinoxial : cette action lui est en partie reconnue. Plus l'air est agité, plus il pèse. Cette agitation est produite par les troubles atmosphériques que provoquent les luttes incessantes des météores aériens, aqueux et ignés.

Si la pierre de l'aiguiseur entraîne autour d'elle un rayon d'air agité, de même, avons-nous dit, la terre entraîne autour d'elle un rayon semblable, de telle sorte que les vents qu'elle produit soufflent toujours d'occident en orient[1]. Mais alors, quelle est la cause des vents contraires et des calmes plats? Nous disons : La chaleur dilate d'autant plus l'air que cette chaleur est plus ardente. L'air se déplace alors considérablement; en se dilatant, il va troubler ailleurs des régions froides. Le soleil, traversant ensuite ces régions, en dilate encore l'air, qui, par retour, vient remplir les vides délaissés. Ce va-et-vient établit des courants dans tous les sens. A cela il faut ajouter les vapeurs qui s'élèvent des innombrables fissures de la terre, l'inégalité des chaleurs et des froids suivant la saison et les lieux, le mouvement diurne de la terre qui est de

[1] Il est de ces vents comme des courants au fond des mers; le plus important est le *gulf stream*, qui, partant du *golfe* du Mexique, arrive aux Iles Britaniques pour se diviser en deux bras, dont l'un débouche au Spitzberg et l'autre dans le golfe de Gascogne.

28 kilom. par minute, son mouvement autour du soleil évalué à 1697 kilom. par minute, etc. Ce sont là des choses connues, contrariant le vent majeur (l'ouest), le refoulant dans toutes les directions.

La marée fait remonter les eaux d'un fleuve vers leurs sources. Ces eaux, ainsi repoussées, repoussent à leur tour celles des rivières qui y affluent. Ce n'est là qu'un fait du grand mouvement du flux. Celui de la dilatation atmosphérique a des effets semblables, mais d'une autre nature. Ainsi, les vents d'orient, repoussant par exemple ceux d'occident, peuvent, dans certains cas, se diviser, se subdiviser par la rencontre de hautes montagnes, et finalement cesser pour laisser aux vents d'occident leur libre cours.

Les vents alizés soufflant de l'est sont des vents réguliers dominant ceux du couchant, parce que là où ils règnent (en plein océan, entre les tropiques), la dilatation considérable de l'air ne rencontre point d'obstacle.

Les moussons sont deux vents contraires soufflant tour-à-tour pendant six mois, l'un du sud-ouest, l'autre du nord-est, et cela dans les régions brûlantes de l'Océan Indien, ayant pour limites de hauts continents couverts de neiges et de glaciers éternels. Dans ces régions, l'action solaire a des effets opposés et d'égale durée par rapport à la nature des lieux.

Indépendamment de ces vents principaux, constants ou périodiques, il en existe de locaux, tels que le siroco en Italie, le mistral en Provence, le simoun en Afrique, etc. Ces vents ont pour cause de direction la disposition particulière des contrées qu'ils traversent. Le simoun, c'est le sud traversant les sables brûlants du Sahara ; il arrive en Italie sous le nom de siroco. Le nord-ouest resserré entre les Pyrénées et les Cévennes débouche sans obstacle sur le golfe du Lion, qu'il bouleverse souvent en le traversant ; mais alors c'est le mistral, qui, atteignant la Provence, va se perdre dans les Apennins, ou bien, prenant aux pieds de ces monts une direction oblique, s'étend dans une partie de l'Italie en descendant par le nord.

Les nuages d'orage sont formés de vapeurs aqueuses ; ils sont le réceptacle du fluide électrique qui est là comme le gaz sur les becs d'un lustre attendant le contact de l'élément communicatif pour s'enflammer. Ces nuages, pressés les uns contre les autres par tourbillons atmosphériques, produisent dans leurs étroits intervalles des vents impétueux. Ce sont ces vents qui, chargés d'électricité ou d'oxygène gazeux ou de tout autre gaz, allument le fluide igné répandu sur les nuages [1]. Ce fluide est plus prompt à s'enflammer que le phosphore ; la seule agitation de l'air détermine son explosion. Si la dilatation atmosphérique est une répulsion de fluide, l'orage est par lui-même un amas errant de vapeurs, de feu et d'eau, d'où sortent le vent violent qui le tourmente, la foudre qui le sillonne, et la pluie qui

---

[1] Le vent de tempête parcourt environ 90,000 mètres par heure, le vent d'ouragan 129,000, le grand ouragan 160,000. Si l'air, dans le briquet à compression, allume l'amadou, doit-on s'étonner s'il allume l'éclair entre les nuages resserrés, où sa compression est si considérable, son courant si rapide ?

l'allège. Comment établir une théorie sur le cours de ces choses de formation accidentelle, pronostiquer exactement leurs effets sur tels lieux, à tels jours?

La science peut un jour en faire trouver le moyen; mais, en attendant, les pronostiqueurs font leurs affaires, non en battant de la grosse caisse sur place, ce serait trop vulgaire, mais dans les journaux, ce qui est plus distingué.

Le calme, c'est le centre où se fait la dilatation atmosphérique : c'est là où un vent en rencontre un autre d'égale force. Le calme, c'est encore l'inertie passagère des agents perturbateurs, c'est-à-dire que les météores aériens, aqueux et ignés, ne sont pas suffisamment sollicités par les troubles célestes.

Le soleil ne présente rien de particulier dans sa configuration sphérique, il est parfaitement rond; dès-lors la terre en mouvement autour de cet astre devrait décrire une circonférence régulière; car, si nous tournons autour d'un moulin à vent à distance d'un cordeau de 10 mètres, nous tracerons un cercle parfait; mais si le moulin est ovale, nous tracerons un ovale; et cependant la terre parcourt un ovale autour de l'astre du jour.

Le soleil aurait-il un mouvement elliptique encore inaperçu, imprimant à notre globe le même mouvement?

On a dit que les étoiles étaient fixes parce qu'elles n'avaient pas de mouvement apparent à cause de leur énorme éloignement de nous, et parmi ces étoiles se trouve notre soleil; toutefois on est revenu sur cette prétendue fixité. On reconnaît aujourd'hui que le soleil tourne sur lui-même en vingt-cinq jours et demi ; demain on découvrira peut-être qu'il décrit en même temps une ellipse, mouvement qu'il nous communique par extrême supériorité de puissance.

« La force, dit-on, par laquelle un corps en mou-
» vement autour d'un autre corps tend à y tomber
» et à s'unir à lui, se nomme force *centripète*. Cette
» force et la force *centrifuge*, agissant toutes deux
» sur les planètes, les obligent à décrire des cour-
» bes elliptiques et non circulaires. »

Le fait, dans le cas particulier, n'est pas suffisamment démontré.

Un boulet sortant du canon parcourt d'abord une ligne *droite ;* mais ce boulet décrit bientôt des courbes, d'autant plus inclinées que la vitesse de course se ralentit davantage, si bien que le projectile tombe dès que son action a cessé. Voilà bien le parcours d'une courbe elliptique. Le boulet tombe à terre et y reste, subissant en cela la loi de gravité ; mais notre globe lancé dans l'espace ne tombe pas, le ciel n'ayant par lui-même ni haut ni bas, ni droite ni gauche : il ne tombe pas parce que son poids est en balance avec le poids de l'air qu'il déplace, ce qui fait qu'il reste en équilibre en son lieu. Ainsi flotte entre deux eaux une boule de bois pesant autant que le liquide qu'elle déplace : pesant plus, cette boule plongerait ; pesant moins, elle s'élèverait. Notre globe ne tombe pas, disons-nous, il continue à décrire des courbes, et par suite une circonférence autour du soleil qui l'entraîne dans son tourbillon.

Admettons que l'impulsion droite, ou la force de

projection imprimée à la terre au commencement de son action, soit de 5 millions de lieues : l'orbite de la terre étant de 198 millions de lieues présentera 5 millions de lieues de ligne droite, mais seulement au premier tour de révolution, parce qu'il ne peut y avoir qu'un premier lancement de globe. Ainsi, cette ligne droite n'existera plus aux tours subséquents; en effet, le globe amené par des courbes successives au point opposé à son point de départ s'élève au-dessus de ce point, et, dans son élan continu, décrit au-dessus de la ligne droite déjà parcourue des courbes dans le sens elliptique (figure 13).

Nous avons dit que la terre parcourt une ellipse, quand d'après la règle elle devrait parcourir un rond autour d'un corps rond : quelle est la véritable cause de ce contre-sens? La terre est ronde, et cependant la lune, qui est ronde aussi, parcourt autour de la terre un ovale. Quel est cet autre contre-sens?

Si la terre est oblongue, comme l'assure Cassini ; si la lune a la forme d'un œuf, comme ledit Lagrange; si enfin le soleil avait une forme ovale, nous comprendrions la marche elliptique des deux premiers astres; mais l'opinion émise et reçue veut que le soleil soit rond, et la terre aplatie aux pôles.

Nous pourrions bien hasarder une idée sur toutes ces particularités, mais nous nous abstenons parce que, aux yeux de bien des gens, le vrai invraisemblable n'a pas de créance, et que d'ailleurs le sujet ne serait appuyé d'aucune démonstration convaincante. Nous hasarderons bien assez d'autres idées, que nous livrons courageusement à la controverse raisonnée.

L'auteur des études de la nature a dit : « Il semble
» que la philosophie ait affecté de tout temps de
» chercher des causes fort obscures pour expliquer
» les effets les plus communs, afin de se faire admirer
» du vulgaire qui, en effet, n'admet pas ce qu'il ne
» comprend pas. »

Sans admettre ou rejeter ce que l'on ne comprend
pas, il est généralement établi qu'en décembre de
chaque année, la terre est à son périhélie (à sa plus
petite distance de la terre), et en juin à son aphélie
(à sa plus grande distance).

Mais toujours est-il que la vraie cause de ces
situations n'est pas encore bien démontrée.

Sur ce que l'on enseigne que le soleil n'occupe
pas exactement le centre de l'ellipse que la terre
décrit, un contradicteur pense qu'il y a là aberra-
tion, ce que l'on connaîtra, dit-il, tôt ou tard. Se
plaçant à un certain point de vue géométrique, il
voit dans notre mouvement autour du soleil, le
tracé d'un rond parfait nous présentant un sens
elliptique par inclinaison de cercle, au centre duquel
il met le soleil. Ce n'est pas toujours à ce point de
vue qu'il faut se placer pour faire de l'astronomie.
Sans doute on doit se garder des apparences faus-
sant notre jugement, ce qui souvent a dérouté la
science, mais on ne doit pas non plus nier la réalité
par des sophismes. Le contradicteur ci-dessus ajoute
qu'en astronomie tout est confusion, parce qu'ici la
science est un fonds inépuisable de controverse, que
nous ne jugeons le plus souvent que par nos yeux,
sans approfondir les choses par des recherches
judicieuses.

Un père avait deux fils en bas âge; voulant les mettre en contradiction d'opinions , il leur fit passer la nuit chacun dans un appartement à vitraux de couleurs opposées. A l'heure du réveil, les enfants se mirent à crier, l'un qu'il voyait le ciel tout rouge, l'autre qu'il le voyait tout jaune. Le père, qui s'attendait à cette méprise, leur dit : Êtes-vous sûrs de ce que vous dites?—Bien sûrs, répondirent naïvement les jeunes gens. —Eh bien ! ajouta le démonstrateur, chacun de vous dit vrai : votre appréciation résulte de ce que vous voyez réellement; mais au fond vous faites erreur. Voyez, le ciel est bleu; une fausse apparence a trompé votre jugement. Le ciel est bleu; nous sommes tous d'accord sur ce point, mais un fluide trompeur peut nous le faire paraître tel, quand peut-être il est d'une autre couleur. Ce fluide formant voûte céleste peut encore nous montrer des objets aériens sous des formes qu'ils n'ont pas. Voyons la mouche alors qu'elle croit s'élancer dans l'air, elle est arrêtée par un corps dur et diaphane qu'elle ne pouvait voir. Des oiseaux croyant voler libres cassent des vitres par eux inaperçues. Pour nous, il ne s'agit pas de verre, mais bien de gaz d'une nature particulière trompant nos yeux. Or, il est des croyances qui, à quelque génie qu'elles appartiennent, peuvent avoir leurs aberrations. Ptolémée, Copernic l'ont bien prouvé. Le talent de bien dire peut colorer l'absurde, mais la raison ne se contente point du clinquant des mots : elle veut être convaincue et non séduite. Mais revenons à l'attraction ou à la répulsion mutuelle des astres. Ces corps s'attirent-ils ou se repoussent-ils?

Une boule tirée à droite et à gauche par deux hommes d'égale force ne bougerait pas ; repoussée, elle ne bougerait pas davantage : donc, la boule (soit la Terre) *tirée* ou *repoussée* reste fixe. Mais si un homme de force supérieure représentant la boule tirait à lui, il est évident qu'il entraînerait les autres deux. Or, les quatre satellites de Jupiter, étant comparativement de très-petits corps, devraient être attirés par la planète suivant le système d'attraction, et cependant ils s'en tiennent à distance forcée. On veut que d'autres forces en sens inverse retiennent les planètes à leurs places, et que ces forces contraires empêchent ces corps de se réunir en grappe de raisin.

Cela posé, nous disons : Si la plus forte attraction est acquise à l'astre le plus considérable, astre n'ayant point par conséquent contre lui de force supérieure, pourquoi toutes les planètes ne tomberaient-elles pas sur le soleil? On dira : L'action solaire se perd d'autant plus qu'elle s'étend davantage ; et, sur un point de cette étendue, l'influence solaire considérablement affaiblie peut se trouver contrebalancée par l'influence planétaire dans toute sa vigueur, de telle sorte que, eu égard à cette situation, chaque planète reste à sa place. Nous répondons : Aucune force planétaire ne peut contrebalancer celle du soleil dans toute l'étendue de son rayonnement, étendue embrassant les planètes, les dépassant même avec des forces dont l'égalité ne peut se rencontrer nulle part dans notre système solaire. D'ailleurs, cet équilibre supposé exister sur un point entre l'influence solaire se perdant en s'étendant et l'influence vive d'une planète, cet équilibre, disons-nous, ne devrait pas empêcher la réunion des astres s'il est vrai que ces corps s'attirent mutuellement. Il faut donc croire qu'il y a d'autres forces en dehors de notre système solaire, pour disputer à notre soleil son empire absolu sur les planètes.

« Les corps célestes, dit-on, encore, restent sus-
» pendus par la force d'*attraction* ou de *gravita-*
» *tion*, en vertu de laquelle ils s'attirent en raison
» directe de leur masse et en raison inverse du
» carré de leurs distances[1]. »

Soit, si l'on veut, entre corps de même *nature*. Nous disons de même nature, parce qu'un corps solaire, par exemple, doit avoir plus de puissance attractive (ou répulsive) sur un corps opaque et froid que celui-ci doit en avoir sur celui-là, alors même que le corps opaque serait à l'égard du corps incandescent d'un volume fort supérieur. La force attractive est moins ici en raison directe des masses et en raison inverse du carré des distances, que basée sur la *nature* du corps qui seul, par cette même nature, domine tout dans l'espace. Ainsi, le soleil, 608 fois plus grand que toutes les planètes ensemble

---

[1] On entend par carré d'un nombre le produit de ce nombre multiplié par lui-même. Ainsi le carré de 3 est 9 ou 3×3; celui de 4 est 16 ou 4×4.

L'attraction serait 3 fois plus grande dans un corps 3 fois plus grand, et 9 fois plus faible dans un corps 3 fois plus éloigné. Soit un corps éloigné du centre de la terre de deux rayons terrestres ou de 3000 lieues tomberait 4 fois moins vite que s'il n'en était éloigné que d'un rayon terrestre ou de 1500 lieues.

et leurs satellites , devrait par son volume immense, surtout par sa *nature ignée,* qu'il possède seul , et son extrême supériorité de force, devrait, disons-nous, attirer toutes ces microscopiques masses qu'il fait mouvoir autour de lui et se les approprier; car s'il a la force de les entraîner dans son tourbillon, il devrait plus facilement avoir celle de les absorber.

Mais, au contraire, il paraît les tenir à distance par ses ondulations éthérées qu'il produit de l'extrême agitation de son mouvement de rotation, de ses prodigieuses vibrations.

Quelle influence peut disputer au Soleil la petite planète de Mercure, sa plus proche voisine? Ce n'est ni Vénus ni la Terre, ce ne sont même pas toutes les planètes réunies. Le Soleil devrait donc absorber Mercure. Il n'en fait rien.

Ou il y a une suite non interrompue de planètes au-delà de Neptune (astre le plus éloigné du soleil), tirant à elles, contrebalançant ainsi la force d'attraction solaire; ou il y a là une force répulsive entre planètes avec entraînement général autour du soleil par la force de rotation de cet astre, comme nous l'avons vu dans l'expérience du baquet d'eau. Dans cette dernière hypothèse, les astres se repousseraient au lieu de s'attirer, et cela, jusqu'à la rencontre d'un soleil autre que le nôtre qui par répulsions arrêterait ce courant rétrograde, si bien que dans cette harmonie générale de mouvement chaque corps céleste demeure à sa place.

Des boules de même *nature* et de même *poids* sont précipitées en même temps de diverses hau-

teurs. Naturellement, les plus élevées tombent les
dernieres sur le sol.

Mais voilà trois boules d'un volume égal : la première est en plomb, la seconde en bois, et la troisième en liége. On les lance ensemble d'une hauteur
de vingt mètres, par exemple. Quoique la pression
atmosphérique sur ces objets (ou l'attraction si l'on
veut) soit pareille, il se fera que, eu égard à la
nature et au *poids* des boules, celle en plomb arri-
vera à terre la première, celle en bois la seconde
et celle en liége la dernière, parce que le plomb pèse
plus que le bois et le bois plus que le liége. C'est
dire que ces chutes successives ne proviennent ni
de l'inégalité des distances, puisque ces distances
sont égales entre elles, ni de l'inégalité des corps,
puisque ces corps ont des dimensions semblables,
mais bien de la *nature* de leur matière.

Or ceci peut se rapporter aux astres dont l'influence
dépend, non-seulement des distances et des poids,
mais de la *nature* de ces corps. La chaleur, avons-
nous dit, est leur principal moteur : ainsi, une planète quoique petite, mais d'une incandescence
extrême, aura une action plus énergique qu'une
planète beaucoup plus grande à feu réduit. De
même, une petite locomotive chauffée à toute vapeur
aura toujours plus de force pour tirer ou pousser
qu'une grande locomotive à feu mourant; et si la
lune était un soleil dans toute sa puissance incandescente, nul doute qu'elle entraînerait la terre
autour d'elle.

Si la Terre, Vénus et Mercure tombaient sur le
soleil, il est à croire que la Terre, qui en est à

34,500,000 lieues, y tomberait la première ; Vénus, qui en est à 25,000,000, la seconde; et Mercure, qui en est à 13,364,000, la dernière , parce que le poids de la Terre étant pris pour unité, celui de Vénus est de $^9/_{10}$, et celui de Mercure de $^1/_{17}$, toutefois en supposant ces corps d'une même *nature*.

Si nous admettons l'attraction mutuelle des astres, celle du Soleil ayant plus de puissance sur Mercure que sur Vénus et plus sur Vénus que sur la Terre par rapport à l'inégalité de leurs distances, la chute de ces corps pourrait être dans le sens naturel ; c'est-à-dire que Mercure pourrait tomber avant Vénus, et Vénus avant la Terre. Mais cette puissance solaire serait peut être contre-balancée par le poids et la nature des corps en question , et faire que ces corps arrivassent en même temps sur le Soleil.

Nous avons maintes fois parlé des forces de pression , d'attraction et de gravité , nous revenons à ces sujets pour tirer parti de quelques démonstrations qui tardivement nous viennent à l'idée. Oh l'idée ! elle ne vient pas toujours quand on la sollicite , et souvent elle arrive par surprise alors qu'il n'est plus temps de la lier à celle de l'espèce. Faut-il pour cela la sacrifier? Non. Eh bien ! revenons aux forces en question pour bien nous expliquer celle de gravité. Prenons en main une fronde chargée d'un verre d'eau , mettons cette fronde en grand mouvement circulaire et vertical, l'eau contenue dans le verre ne tombera pas quoiqu'elle se trouve à chaque tour de rotation en sens renversé sur notre tête. Ici la main c'est le centre de gravité , la corde de fronde en est le rayon, et le verre représente l'objet forcément retenu à la circonférence. Si la main qui tient la fronde lâchait prise, le verre s'échapperait et l'eau se répandrait. Mais le centre de gravité n'est pas seulement au milieu vrai de la terre, c'est-à-dire au noyau de notre globe : il est aussi au milieu de tous les cercles parallèles, soit de latitude. Remarquons qu'en agitant la fronde le verre trace une circonférence nous représentant l'équateur par exemple ; mais du centre de ce rond nous ne pourrions tracer un cercle tropical, moins encore un cercle polaire, par impossibilité d'incliner la fronde pour réduire nos proportions aux degrés voulus. Donc, pour tracer ces cercles, il faut nous placer à leur centre respectif et réduire la corde de fronde suivant les degrés de déclinaison vers les pôles. Ainsi, le centre de gravité des parallèles se trouve juste au milieu de chacun de ces cercles et non au noyau du globe ; il se trouve de fait sur tous les points de l'axe, car tous les cercles parallèles convergent sur cet axe dans toute son étendue.

Démonstration. Prenons une orange, traçons tout autour un cercle nous représentant l'équateur, coupons ce fruit en fines tranches parallèles à l'équateur, passons par leur centre une baguette et faisons la tourner. Les tranches composant l'orange tourneront, mais par la force de la baguette tournant sur elle-même. Les tranches qui, par leur centre, n'auraient aucune prise sur cette baguette nous représentant l'axe, ne bougeraient pas. Donc, l'axe du monde est dans toute son étendue l'aboutissant des rayons de gravité de tous les cercles parallèles. La main du frondeur donne l'impulsion, mais le verre lancé prendrait une ligne droite, dite de projection, si la force de gravité dont la fronde est le rayon ne l'obligeait à décrire des courbes produisant des cercles.

Le verre en tournant laisse derrière lui un vide dans l'air, vide dans lequel se précipite le fluide déplacé après le passage du corps en mouvement. Ce n'est pas le verre qui attire ici, c'est le vide *attractif*.

Un homme court pendant l'orage, et il est foudroyé. Il n'a pas attiré sur lui le fluide électrique, c'est le vide qu'il a ouvert derrière lui : l'air s'est précipité dans ce vide attractif, et la foudre l'a suivi. La pression provient, avons-nous dit, de la pesanteur atmosphérique. L'atmosphère, c'est l'éther chargé des émanations terrestres qui le dénaturent. Il entoure et presse notre globe par une hauteur de 70 à 90 kilomètres, soit 1 centimètre d'élévation pour une circonférence de 5 mètres. On dirait que l'air s'accumule sur notre planète pour la rompre et la remplir, comme la mer presse un vaisseau sous ses flancs pour aller chercher son niveau à travers le navire.

Mais au-dessus de notre atmosphère se trouve notre tourbillon éthéré où se produit le grand mouvemeut d'ondulation par lequel les astres se repoussent mutuellement. Remarquons qu'une locomotive lancée à grande vitesse repousse violemment un air qui agite les plantes et les arbres à proximité ; que quand deux trains se croisent de près, l'air comprimé entre eux fait entendre des sifflements ; que l'avalanche est précédée d'une colonne d'air qui renverse les arbres et les maisons. C'est

dire que les astres en mouvement rapide repoussent
au lieu d'attirer.

Le mouvement de rotation planétaire a-t-il pour
cause la chaleur solaire, ou bien provient-il de la
chaleur centrale des corps? Nous attribuons ce
mouvement au feu central des planètes. C'est là la
force motrice des astres, c'est-à-dire le jeu mystérieux des vapeurs intérieures.

La vapeur appliquée par l'homme lance la locomotive et pousse le vaisseau ; mais dans la main de
Dieu elle soulève les montagnes, fait trembler la
terre et sauter les astres. Pourquoi donc ne ferait-
elle pas tourner les corps célestes sur eux-mêmes?

Si le mouvement en question était communiqué
par le soleil, il est évident que les corps éprouve-
raient des ralentissements d'action en raison de
leurs distances, de telle sorte que l'astre le plus
près du centre solaire devrait être plus éprouvé que
le plus éloigné ; et cependant c'est le contraire qui
arrive. Exemple : Vénus et la Terre, corps d'un
égal volume, à quelque chose près, font, l'un 23 h.
24 m. de rotation, l'autre 23 h. 56 m., quoique
l'un d'eux (la terre) soit plus éloigné du Soleil de
9,500,000 lieues. Il nous semble alors que, eu égard
aux distances, Mercure tournant en 24 h., Vénus
devrait tourner en 30, la Terre en 35, Mars en 40.

Mais pourquoi Jupiter, 1470 fois plus gros que la
Terre et à 798,000,000 de kil. du Soleil, tourne-t-il
sur lui-même en 9 h. 56 m. ? Pourquoi Saturne, à
1,464,000,000 de kilom. du même centre, opère-t-il
son mouvement en 10 h. 16 m. ? Ces deux corps
devraient avoir, au contraire, une rotation de 4

ou 5 jours au moins, la chaleur solaire ne pouvant les atteindre si loin que très-faiblement.

Cela prouve que si les corps sont subordonnés au soleil dans leur mouvement de révolution, ils ne le sont point dans leur mouvement de rotation. Si le soleil tourne aussi sur lui-même, c'est qu'il se donne *lui-même* ce mouvement; car, quel corps prépondérant peut-t-il le lui donner?

Plus la terre s'approche du soleil, plus sa marche elliptique est rapide; plus elle s'en éloigne, plus cette marche se ralentit : c'est que, dans le premier cas, la chaleur solaire agit de plus près sur nous, et que, dans le second, elle agit de plus loin. Est-ce que ces situations, quoique différentes, changent la durée du mouvement de rotation de notre globe? Cette durée est invariablement de 25 h. 56 m. Donc le soleil est étranger à la rotation des astres.

Il viendra un jour, dans 1000 ans peut-être, que la terre n'aura plus qu'une rotation de deux jours par affaiblissement de sa chaleur intérieure,

Nous ne pouvons savoir ce qui se passe dans notre satellite; mais on lui attribue tant de pouvoir sur notre globe, qu'il peut bien nous être permis d'attribuer à celui-ci quelque puissance sur celui-là, suivant leur rapport de volume et de chaleur. Il ne parait pas naturel qu'entre deux corps d'une force si inégale le plus fort soit dominé par le plus faible. Or, la lune soulève la mer, dit-on, et la terre 49 fois plus grande, soit 49 fois plus puissante, n'empêcherait pas cette action ! On veut que la terre entraîne forcément la lune, et on lui refuse la force d'annuler celle de son satellite! La terre, qui retient immobiles les étangs, les lacs et les mers intérieures, se laisserait soulever non le moins mais le plus de même nature, soit l'océan! Cela peut être, puisque une grande autorité l'assure (Newton); mais une autre grande autorité (sir Philippe) assure aussi que la lune *presse* au lieu d'attirer, et que c'est cette pression (pesanteur ou gravité) qui régit tout dans l'univers ; que c'est elle qui fait que la terre retient tout à surface ; que tout, par cette force extérieure, tend à se réunir au centre de notre globe.

Nous allons l'expliquer d'après notre conception, et pour être plus intelligible, nous nous abstiendrons autant que possible des mots techniques, ce que nous avons fait jusqu'ici.

Supposons une boule d'un mètre de diamètre, ce qui donnera un rayon de 50 centimètres : plongeons profondément ce corps dans l'eau, la masse du liquide déplacé sera égale au volume de la boule. Ainsi, l'eau aura là un vide de 50 centimètres de rayon en tous sens. Eh bien! ce sont ces 50 centimètres d'eau déplacée qui, tendant à se réunir à leur centre commun, pèsent sur toute la surface de la boule. Que si l'on pratiquait à cette boule des trous diamétralement opposés les uns aux autres, ils donneraient passage à autant de filets d'eau qui, poussés avec des forces égales, iraient se rencontrer au centre de la boule, pourvu toutefois que l'air y contenu pût en sortir au fur et à mesure du remplissage.

Cette boule c'est notre globe. L'air qui le presse avec force de tout côté, air tendant à se joindre vers le point central comme l'aboutissant de tous ses rayons, retient toutes choses à surface, ces choses ne suivant plus alors que la terre dans son mouvement de rotation.

La terre a 12,754 kilomètres de diamètre à l'équateur, soit 6,377 kilomètres de rayon. Une masse considérable de fluide éthéré, un immense tourbillon atmosphérique la pressent de toutes parts. Ainsi, malgré le poids de l'océan, malgré la forte pression éthérée et atmosphérique agissant sur cette vaste et profonde mer, ce qui est un surcroît énorme de pesanteur ou de gravité, la lune soulèverait un liquide plus pesant qu'elle! On nous fera remarquer qu'à l'influence de la lune il faut ajouter celle du soleil, et même la force de rotation de la terre. Soit : mais si sur 4 mètres de haute marée la lune en élève 3, reste à savoir, quoi qu'en dise Newton, si cette élévation a lieu par *attraction* ou par *pression* ; à notre sens, la pression serait plus probable. En effet, si l'on pouvait rapprocher et mettre en mouvement de rotation deux grosses boules d'eau, l'air qu'elles produiraient dans l'étroit passage entre elles, étant plus resserré, repousserait le liquide sur ce point d'action. Ce reflux amènerait un flux sur les points opposés.

Les boules en mouvement continuel de rotation auraient toujours sur une partie de leur circonférence un reflux par *pression* d'air, quand toutes les autres parties présenteraient une augmentation d'eau par contre-coup. Mais ce mouvement attribué à la terre ne donnerait qu'un reflux et un flux par 24 heures, tandis que dans l'ordre naturel des choses ce mouvement est double dans la même période ; c'est-à-dire que la mer monte et descend deux fois par jour, ce qu'on attribue aux causes que nous avons déjà fait connaître.

Le soleil aspire les émanations de la **terre** par réaction de rayons : en effet, le calorique tombant sur la terre s'y accumule, s'y étend, puis il s'élève avec ses composés et se perd insensiblement dans son expansion ascendante, si bien qu'on ne le sent plus au-dessus des hautes montagnes où les neiges sont éternelles. Mais, au-delà de notre atmosphère froide, les rayons solaires doivent être d'autant plus ardents qu'ils sont plus près de leur foyer.

Du vide. — Si, comme on l'assure, l'éther remplit toute l'étendue céleste, il n'y aurait point de vide dans cette étendue, car le vide réel c'est non-seulement l'absence de la matière, mais encore celle de l'air. Si l'oiseau vole, c'est que ces ailes trouvent en frappant l'air une résistance de soutien et d'élan ; si le poisson nage, c'est que ses nageoires en s'agitant rencontrent aussi une résistance semblable. L'oiseau et le poisson tomberaient sans cet appui. De même, les astres perdraient leur équilibre sans le soutien de l'élément aérien.

Le poisson voit dans la mer tout ce qui est à sa portée, sans toutefois voir la mer elle-même à cause de sa parfaite limpidité. S'il pouvait raisonner, le poisson ne dirait-il pas qu'il nage dans le vide parce qu'il se meut librement dans le liquide diaphane qu'il ne voit pas, alors que pour nous ce vide est un plein matériel ? L'oiseau dans l'espace ne dirait-il pas, s'il avait la parole, qu'il vole dans le vide parce que l'air, à cause de sa transparence, échappe à sa vue? Sans la résistance que ces animaux éprouvent, l'un en battant des ailes, l'autre en agitant ses nageoires, ils ne pourraient ni se tenir en équilibre ni avancer.

On nous dira : Vous parlez ici de l'air atmosphérique et du fluide aqueux, éléments nécessaires aux êtres vivants, quand par le *vide* les astronomes entendent l'espace dans lequel les astres se meuvent. Avant de parler de ce prétendu vide, nous avons voulu dire un mot des fluides d'ici-bas, afin de constater que partout où il existe des fluides, il ne peut exister de vide : or, s'il nous était donné de nous élever dans les plus hautes régions célestes, nous trouverions là l'éther, cet autre fluide qui remplit l'univers, et dans lequel les astres sont tenus en équilibre, comme l'oiseau dans l'air atmosphérique, comme le poisson dans l'eau. Sans doute, l'air se dilate d'autant plus qu'il est plus près du soleil; mais c'est qu'alors le calorique se substitue insensiblement à l'air dilaté : c'est le fluide igné remplaçant le fluide éthéré.

On voit que l'idée de l'existence du vide céleste n'est pas heureuse. Le vide se dit ordinairement de l'absence de la matière; il n'exprime donc que le creux d'un objet, d'un vase par exemple, et non une exclusion totale d'air.

On n'est donc pas fondé à dire que si les astres parcourent librement leurs orbites, c'est que le vide protège leurs courses quand au contraire c'est parce que ce vide n'existe pas que les astres sont tenus en équilibre par la puissance des fluides éthérés et gazeux qui les enveloppent et les soutiennent.

L'homme est parvenu à mesurer non-seulement la distance de la terre au soleil, mais encore celle de notre planète à l'étoile la plus rapprochée de nous. La première de ces distances est de 34,500,000 lieues [1], et la seconde de 8 millions de millions de lieues. Sirius, dans la constellation du Grand Chien, a plus de 33,000,000 de lieues de diamètre, quand le soleil n'en compte que 320,000.

Une multitude de planètes tournent autour de ces géants aériens, planètes qui pourraient bien nous envoyer un jour dans notre système planétaire quelque projectile de leur crû, projectile sous forme et volume de comète, au risque de nous bouleverser ou de nous détruire.

Descendons de ces hauteurs immenses où l'homme ne peut monter que pour mieux sentir son ignorance, car un pas fait dans la science en montre cent à faire; cent en montrent mille; mille, cent mille : la science a l'infini devant elle, et ses profonds mystères où l'esprit se perd.

Avant de terminer nos Exercices, disons quelques mots sur le Zodiaque.

Le zodiaque des premiers Égyptiens comprenait douze *Cabires* [2], dont six mâles et six femelles. Les six mâles qui suivaient le soleil étaient : *Rempha* (Saturne), *Pi-Zeous* (Jupiter), *Ertosi* ou *Artés* (Mars), *Surot* (Vénus), *Pi-Hermès* (Mercure), *et le ciel des étoiles.* La lune ouvrait la série des six

[1] Il faudrait à une locomotive lancée à toute vapeur 350 ans pour arriver au soleil; un boulet de canon, dans sa plus grande vitesse, mettrait 6 ans. Michelot dit 12.

[2] Mot phénicien signifiant : *puissants.*

Cabires femelles : la *lune*, l'*éther*, le *feu*, l'*air*, l'*eau* et la *terre*. Telles étaient les divinités supérieures.

On appelle zodiaque un grand cercle fictif où se meuvent les planètes connues des Anciens. Ce cercle traversé circulairement par l'écliptique, autre cercle imaginaire, a 16 degrés de largeur. Il est divisé en 12 parties égales, contenant chacune une constellation (groupe d'étoiles) marquant la ligne que semble parcourir le soleil, quand au contraire c'est la terre qui, dans sa révolution annuaire, parcourt cette ligne. Ces 12 parties, soit ces 12 constellations, désignent en outre les douze mois de l'année auxquels les Egyptiens ont donné des signes particuliers. Ces signes sont des hiéroglyphes. Les voici avec leurs appellations et leurs mois correspondants.

	Aries	Bélier	Mars	degrés 0
	Taurus	Taureau	Avril	30
	Gemini	Gémeaux	Mai	60
	Cancer	Cancer	Juin	90
	Leo	Lion	Juillet	120
	Virgo	Vierge	Août	150
	Libra	Balances	Septembre	180
	Scorpius	Scorpion	Octobre	210
	Architeneus	Sagittaire	Novembre	240
	Caper ou Capricornus	Capricorne	Décembre	270
	Amphora ou Aquarius	Verseau	Janvier	300
	Pisces	Poissons	Février	330

Comme nous ne pouvons jamais voir que la moitié du ciel, soit 180 degrés au-dessus de l'horizon, de même nous ne pouvons voir que la moitié du zodiaque, soit 6 constellations à la fois.

Les poëtes de l'antiquité, voulant donner plus d'éclat à l'idéal, firent de chaque figure zodiacale un sujet mythologique. Voici ce qu'ils inventèrent du bélier zodiacal, et successivement des autres figures.

Le *Bélier*[1]. Les dieux avaient donné au roi de Thèbes, Athanasas, marié en seconde noces, un bélier dont la toison était d'or. Les fils de ce roi, Phryxus et Hellé, malheureux de la haine de leur marâtre Ino, montèrent sur le bélier et quittèrent Thèbes. Hellé se noya en traversant la mer. Son frère arriva en Colchide, où il sacrifia le bélier à Jupiter, et en donna la toison à son hôte le roi OEtés, qui la consacra à Mars. Cette toison fut gardée par deux énormes taureaux jetant des flammes par la gueule.

Suit l'histoire de l'expédition des Argonautes à propos de cette toison, qui fut enlevée par Jason.

Le *Taureau*. Jupiter, sous la figure d'un taureau, enleva Europe, fille d'Agenor, roi de Phénicie, et traversa la mer. Il s'arrêta à cette partie du globe nommée depuis Europe.

Les *Gémeaux*. Ce sont Castor et Pollux. Ce dernier eut Jupiter pour père ; le premier eut pour le sien Tyndare roi de Sparte, les deux issus de Léda femme de Tyndare. Castor, qui n'était pas immortel, mourut. Pollux, inconsolable de la mort de son frère qu'il aimait tendrement, sollicita et obtint la

---

[1] Les Anciens commençaient l'année au 21 mars, premier jour de l'équinoxe du printemps ; c'est alors que le soleil commence sa carrière en entrant dans le signe du Bélier.

faveur de partager son immortalité avec Castor. Ainsi, quand celui-ci sortait des enfers, celui-là y descendait.

Le *Cancer*[1]. Pendant qu'Hercule combattait l'hydre du marais de Lerne, Junon, implacable ennemie du héros, lui envoya un cancer qui le mordit au pied. Hercule le tua, mais Junon le mit au ciel.

Le *Lion*. C'est ce monstrueux lion qu'Hercule tua dans la forêt de Némée. Hercule se para de la peau de ce terrible animal.

La *Vierge*. Le roi Icarius (c'est la constellation du Bouvier) avait enivré ses bouviers; les parents de ces hommes croyant à un empoisonnement lapidèrent Icarius. Méra, sa chienne, ne quittait les restes de son maître que pour aller manger. Or, le roi avait une fille du nom Erigone; alarmée de l'absence trop prolongée de son père, elle suivit Méra qui lui fit voir l'infortuné, dont le cadavre gisait sous un tas de pierres. Erigone se pendit de désespoir. Jupiter la plaça au ciel : c'est elle que l'on désigne sous le nom de Vierge[2].

La *Balance*. C'est celle de Thémis, fille de Cœlus, déesse de la justice.

Le *Scorpion*. OEnopeus, d'autres disent Hyrée, était veuf et fort pauvre.

---

[1] Le cancer, proprement dit, est une tumeur rongeante et souvent mortelle. Les Anciens l'avaient comparé à un animal vénimeux et l'appelaient Cancer. On lui a substitué l'Écrevisse.

[2] D'autres disent que c'est Astrée, fille de Jupiter et de Thémis. Astrée descendit sur la terre; mais bientôt, dégoûtée des hommes par rapport à leurs perversités, elle retourna au ciel pure de tache et prit place dans le zodiaque.

Un jour Jupiter, Neptune et Mercure, tous les trois déguisés, lui demandèrent l'hospitalité. Œnopeus ne possédant qu'un bœuf pour toute fortune le leur donna à manger. Jupiter, voulant récompenser cet acte de générosité, demanda à son hôte ce qu'il souhaitait le plus. Je désire, répondit celui-ci, être père sans prendre femme. Le maître du tonnerre lui donna un beau garçon qu'il fit sortir de la peau du bœuf. Il se nomma Orion, qui, devenu célèbre chasseur, osa défier Diane à la chasse. La déesse, indignée de tant de présomption, le fit piquer mortellement au pied par un énorme scorpion. Orion fut placé au ciel par Jupiter, et Diane plaça le scorpion dans le zodiaque. On dit aussi que Diane, éprise de la beauté d'Orion, préféra le faire mourir de la piqûre d'un scorpion, plutôt que de céder à un amour insensé.

Le *Sagittaire.* C'est le centaure Chiron, fils de Saturne et de Philyre. Saturne, sous la forme d'un cheval, allait voir Philyre, de laquelle il eut Chiron moitié homme moitié cheval. Il vivait dans les montagnes où il étudiait les plantes. Devenu médecin et astronome célèbre, il enseigna la médecine à Esculape et l'astronomie à Hercule. Souffrant beaucoup d'une blessure, il désira mourir; mais il était immortel. Par pitié cependant, les dieux le placèrent dans le ciel.

Le *Capricorne.* C'est Pan moitié homme et moitié bouc. Il était le dieu des campagnes, des bergers et des troupeaux. On dit aussi que c'est la chèvre Amalthée qui allaita Jupiter. Ce dieu, reconnaissant des soins qu'eurent de lui les nymphes alors qu'il était fort jeune, leur donna une des cornes de cette chèvre. Ce fut là la corne d'abondance [1].

Le *Verseau.* Hébé, qui servait le nectar aux dieux, mourut. Ganimède était si beau, que Jupiter le fit enlever par un aigle et en fit son échanson. Le Verseau désigne Ganimède.

Les *Poissons.* Ce sont les dauphins qui conduisirent Amphitrite à Neptune. Amphitrite, fille de Doris et de l'Océan, ne voulait pas le dieu des mers pour époux; mais elle fut tellement sollicitée par les dauphins, qu'elle se laissa enfin conduire par eux à Neptune, qui par reconnaissance les plaça dans le zodiaque.

Il y a encore la constellation : les *Dauphins,* ceux-ci firent passer l'Euphrate à Vénus, que poursuivait le géant Typhon. Cette constellation se trouve assez près de l'*Aigle.* Mais, si les poëtes embellissaient leurs œuvres par le brillant, le grandiose des fictions, d'autres hommes ne faisaient des allégories que pour présenter à l'esprit des objets dont l'existence était réelle ou sous-entendue. S'ils donnèrent des figures symboliques aux constellations zodiacales, c'est que l'apparition de ces constellatións coïncidait avec le retour de tels produits, de tels travaux agricoles, etc. Alors ils imaginèrent de donner à ces groupes scintillants dans les cieux des figures se rapportant par leur nature à celles de ces pro-

[1] On a modifié depuis cette figure, en représentant le Capricorne, moitié chèvre, comme emblème de la terre, et moitié poisson, comme emblème de l'eau. En effet, Pan est un mot grec qui signifie *tout*, soit toute la nature. Indépendamment du Capricorne qui est dans le zodiaque, il y a la constellation la Chèvre qui se trouve près du cocher, entre le zodiaque et l'étoile polaire. Il ne faut pas confondre.

duits ou de ces travaux. Ainsi, la constellation dont la figure allégorique est le Bélier (Mars) annonçait dans les pays chauds de l'Orient, par conséquent précoces, l'époque de la tonte. La toison étant un riche produit, les poëtes en firent par métaphore une toison d'or.

Le *Taureau* (Avril) marquait la grande époque des travaux agricoles Les *Gémeaux*[1] (Mai) représentaient le printemps, première période de l'année, et la végétation naissante se donnant la main, marchant ensemble. L'*Écrevisse* (Juin) exprimait, vers la fin du mois, la décroissance des jours; les jours, à dater de cette époque, faisant retour sur eux-mêmes jusqu'en décembre. Le *Lion* (Juillet) indiquait l'époque à laquelle les lions fuyant la chaleur excessive des déserts s'approchent des oasis, où ils exercent leurs ravages envers les hommes et les bestiaux. La *Vierge* (Août), c'était l'époque de récoltes de toute espèce : la terre, sous la figure d'une femme, semblait donner la nourriture à ses enfants. La *Balance* (Septembre) indiquait l'égale durée des jours et des nuits. Le *Scorpion* (Octobre), c'était le dépouillement de la nature par un air brûlant affectant la sève des arbres comme la piqûre du scorpion affecte le sang des animaux. Le *Sagittaire* (Novembre) marquait l'époque ordinaire à laquelle, en Égypte, les juments mettent bas. Le sagittaire était représenté moitié homme moitié cheval, afin d'ex-

---

1 Ne pas confondre Gémeaux avec Jumeaux : Jumeaux se dit de deux enfants nés d'une même couche; Gémeaux se disait de deux objets joints ensemble : c'était le synonyme d'une paire, d'une couple de choses allant ensemble.

primer l'unité de sympathie entre ces deux espèces. Le *Capricorne* (Décembre), désignait l'époque à laquelle les chèvres et les brebis mettent bas : ce fut dans ce mois que les bergers de Bethléem offrirent des agneaux à l'enfant Jésus. Le *Verseau* (Janvier), c'était l'époque des pluies en Égypte (ne pas confondre ces pluies locales avec celles de l'Éthiopie qui durent d'avril en août, occasionnant la crue du Nil). Enfin, les *Poissons* (Février), c'était en Orient le temps où les poissons fraient.

Les Romains, ne comptant que dix mois dans leur année, consacrèrent le premier, soit le mois de *Mars*, au dieu Mars; le deuxième, *Aprilis* d'*aperire*, ouvrir, ouverture de la belle saison; le troisième (Mai), *Maïa*, mère de Mercure; le quatrième (Juin), *Junius* était consacré à Junon; le cinquième (Juillet), *Julius* l'était à Jules César; le sixième (Août), *Augustus* l'était à Auguste; le septième (Septembre), de *september;* le huitième (Octobre), de *october;* le neuvième (Novembre), de *november;* le dixième (Décembre), de *december.*

Plus tard, les Romains ajoutèrent deux mois à leur année. Ces deux mois précédèrent les autres dix. Ils les nommèrent : *Januarius* (Janvier), de Janus roi d'Italie, fils d'Apollon, et d'une nymphe appelée Créuse. Janus ayant rendu service à Saturne, en le dérobant à Jupiter qui le poursuivait, reçut en don la connaissance du passé et de l'avenir, et fut doué d'une rare prudence. On lui avait bâti un temple à Rome. — *Februarius* (Février) vient de *februari,* faire des libations, ou de *Februa,* déesse des purifications.

ENVOI

à mes Fils ERNEST, LOUIS, JULES, ÉVARISTE,

et à ma Fille MÉLANIE.

Ce travail, que je vous destine, vous montre un petit jour dans l'obscurité du foyer domestique ; il doit vous faire juger de l'éclat extérieur qui vous environne. Paraissez sur le seuil, et voyez le tableau grandiose qui s'offre à vos regards ; qu'il soit le sujet de vos méditations. Quand vous aurez vu, compris et admiré, inclinez-vous devant l'auteur de ce magnifique panorama animé, devant Celui qui mystérieusement, de génération en génération, vous a donné l'être ; non pour lui, qu'en avait-il à faire ? mais pour vous.

D'un mot Dieu crée un astre, et d'un mot il le brise. Ce n'est rien. Mais toute sa sollicitude est pour l'homme qui est son chef-d'œuvre. L'homme est une partie de l'essence divine, aussi lève-t-il instinctivement les yeux au ciel comme s'il en descendait et comme s'il devait y retourner. Ce qui a fait dire à Lamartine :

« L'homme est un Dieu tombé qui se souvient des cieux. »

Nous avons dit que Sirius avait 33 millions de

lieues de diamètre. Quel est donc le corps de l'homme comparativement? Peut-on se faire une idée de sa petitesse relative? Mais si nous considérons l'homme d'après ses facultés intellectuelles, nous reconnaîtrons qu'il est ce que Dieu a fait de plus merveilleux. L'œil de cet infiniment petit atteint les étoiles à quarante-neuf trillions de lieues et les nébuleuses à des distances infinies. La pensée humaine, plus rapide que la lumière d'une étoile, laquelle lumière parcourt quatre millions de lieues par minute, la pensée humaine, dis-je, s'élève instantanément jusqu'à l'Être Suprême, au-delà des cieux.

L'intelligence fait de l'homme le maître absolu de la terre : si faible de corps, il commande à tous les animaux, il parcourt les mers par des moyens de son génie, il s'approprie la vapeur et l'électricité. Par la vapeur comme force motrice, il soulève ou lance des masses énormes, il perce les monts, perfore le sein de la terre, et franchit avec une vitesse extrême les plus grandes distances terrestres ; par l'électricité, il transmet sa pensée d'un bout du monde à l'autre, avec une rapidité de 177,000 kilomètres par seconde. Tout ce que Dieu a fait, l'homme en reproduit l'image. Lui seul a le pouvoir de faire sortir le feu de la matière, et de l'appliquer à ses besoins.

Certes, une créature douée d'une aussi prodigieuse faculté est bien plus digne d'admiration qu'un astre purement matériel, qui n'est en quelque sorte que le piédestal de cette créature privilégiée, de ce dieu tombé; aussi l'homme seul brûle-t-il l'encens pour le Dieu créateur de l'univers. C'est que, par l'esprit qui lui est propre, il communique avec l'Esprit divin. Cette communication mystérieuse a toujours fait pressentir à l'homme une vie outre-monde à laquelle il doit arriver.

A corriger.

Page 6, 1re ligne, écrire : *lune* et non *une.*
— *id.* 24e —   — *ce* et non *lu.*
— 24   9e —   — à la fin de ligne : *un fait insignifiant.*
— 32   6e —   — *la* et non *le.*
— 46 27e —   — *qui* et non *que.*

TABLE

Comètes	8, 17, 20
Déluge	23, 36
Divergence d'opinions	1, 55
Étoiles fixes	7, 25
Étoiles filantes	23, 34
Lune	8, 24, 29, 52, 55, 66
Marées	29, 30, 66
Mer	40, 66
Planètes	7, 27, 44
Soleil	7, 23, 44, 51, 54
Système planétaire	45, 57
Terre	21, 26, 41, 47
Tourbillons	39
Vents	15, 49
Zodiaque	70

n° 1
n° 2
n° 3
n° 4
n° 5
n° 6
n° 7
n° 8
n° 9
n° 10
n° 11
n° 12

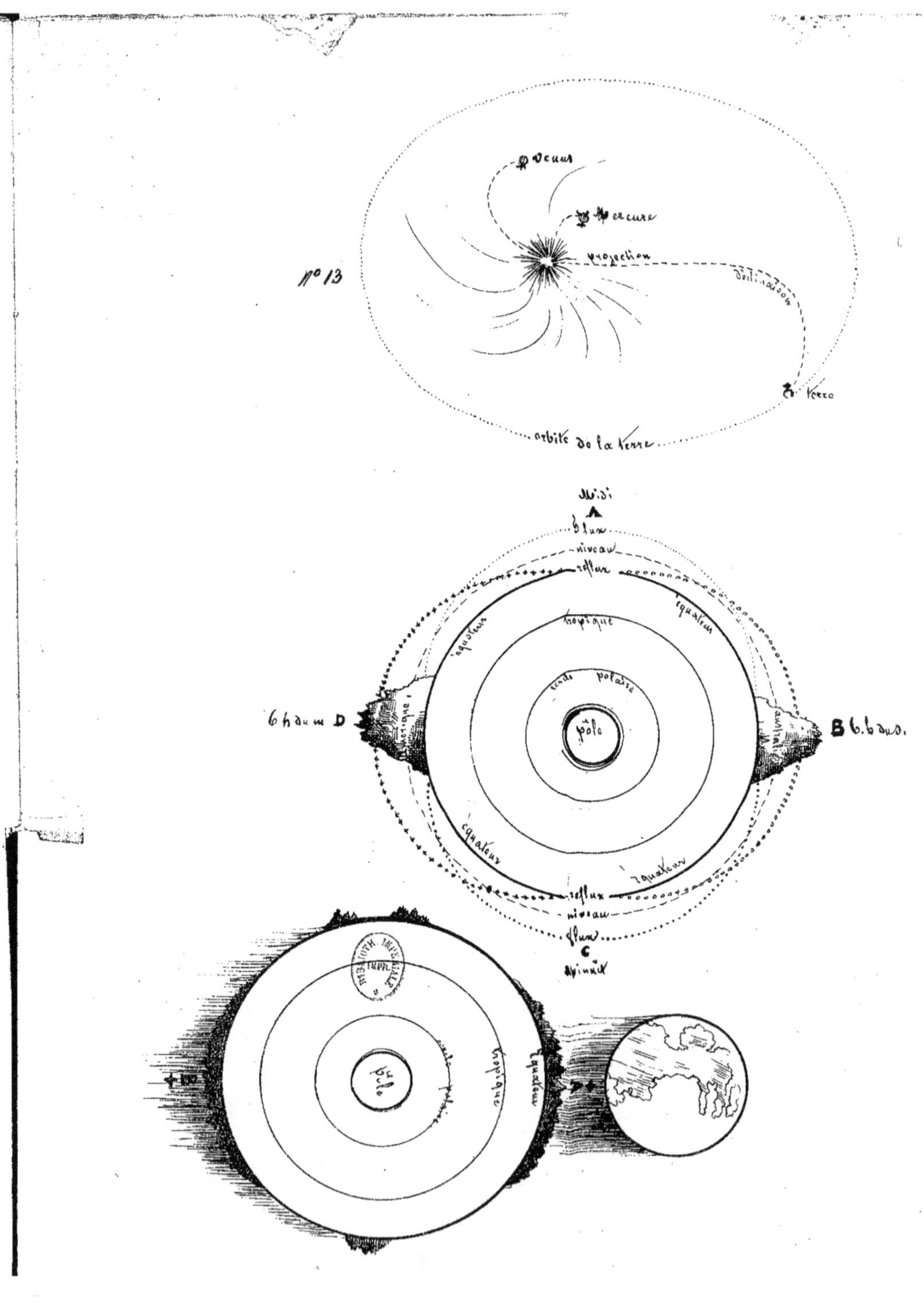

n° 13
Vénus
Mercure
projection
déclinaison
orbite de la Terre
Terre
Midi
A
δ flux
niveau
reflux
équateur
tropique
équateur
cercle polaire
pôle
6 h du m D
B 6 h du s.
équateur
équateur
reflux
niveau
flux
C
minuit
pôle
IV